职业教育园林园艺类专业系列教材

园林手绘表现技法

主　编　刘学锋
副主编　郭文博　韩慧丽　程　艾
参　编　张劲农　杨　燕　柴海龙　陆奕兆　王一啸
　　　　杨　洁　谭　璐　蒋跃军　阳　淑
主　审　余小芳

机械工业出版社

本书主要针对职业院校园林、景观、环艺、规划等专业的“手绘效果图表现技法”“手绘快速表达”等课程的开发而编写。本书共分为七个项目。项目一为基本释义，主要介绍手绘表现技法的相关概念；项目二~项目六主要介绍手绘工具、素描色彩知识以及草图、平立剖图、透视效果图和鸟瞰图的表现技法；项目七为拓展项目，利用快题的形式介绍了不同使用功能的景观场景表现。

本书以项目驱动教学，在选取案例时，考虑了园林设计的各案例类型，在图纸的训练上做到了全方位覆盖；以步骤图片展示手绘技法，简单易懂。同时，书中配有“项目描述和目标要求”以及“练习”等栏目，能够更好地帮助学生掌握重点和难点。

本书可作为职业院校园林、环艺、规划等相关专业的教材，也可作为专业人员和入门新手的参考用书。

本书配有教学用电子课件，选择本书作为授课教材的教师可登录 www.cmpedu.com 注册、下载，或联系编辑（010-88379373）索取，机工社园林园艺专家QQ群：425764048。

图书在版编目（CIP）数据

园林手绘表现技法/刘学锋主编. —北京：机械工业出版社，2017.9（2024.2重印）
职业教育园林园艺类专业系列教材
ISBN 978-7-111-57816-1

Ⅰ.①园… Ⅱ.①刘… Ⅲ.①园林设计-绘画技法-高等职业教育教材 Ⅳ.①TU986.2

中国版本图书馆CIP数据核字（2017）第207006号

机械工业出版社（北京市百万庄大街22号 邮政编码100037）
策划编辑：王莹莹 责任编辑：王莹莹
责任校对：乔荣荣 封面设计：马精明
责任印制：常天培
固安县铭成印刷有限公司印刷
2024年2月第1版第7次印刷
210mm×285mm · 6印张 · 178千字
标准书号：ISBN 978-7-111-57816-1
定价：35.00元

电话服务	网络服务
客服电话：010-88361066	机 工 官 网：www.cmpbook.com
010-88379833	机 工 官 博：weibo.com/cmp1952
010-68326294	金 书 网：www.golden-book.com
封底无防伪标均为盗版	机工教育服务网：www.cmpedu.com

前　言

手绘表现技法是一种比较传统的设计表达技法，被广泛地用于景观设计等设计领域。虽然随着时代的进步和科技的发展，计算机技术蓬勃发展，计算机制图可以实现比较完美的真实场景，但是对设备和使用条件有比较严格的要求，并且用时较长。因此手绘表现技法不可丢弃，应作为本、专科设计专业的基础必修课程开设。

本书主要针对职业院校园林、景观、环艺、规划等专业的“手绘效果图表现技法”“手绘快速表达”等课程的开发而编写。主要训练彩色铅笔及马克笔的快速表现方法。

本书以项目驱动教学，以工学结合的模式进行教材内容的建构，让学生在实际项目的演示与训练中，掌握园林手绘表现的各种技法。本书对于中高职的教学深度以及教学内容的阶段性也做了区分，具有知识和能力的迁移性。本书在每个项目中首先提出本项目的项目描述及目标要求，让学生对将要学习的内容有一定的了解，根据项目完成的步骤顺序划分为相应的任务。在每个任务中，首先介绍完成本任务所需的相关知识和技能操作，然后使用大量详细的步骤图进行演示，减少繁琐的文字阐述，学生可以利用书中步骤图进行抄绘训练，对照绘制步骤，比较容易地掌握技法要点。每个项目完成后，配有“练习”模块，帮助学生复习相关知识、独立思考、熟悉技法。

本书共有七个项目。项目一为基本释义，主要介绍手绘表现技法的相关概念；项目二为基础知识入门，主要介绍本书中使用的手绘工具、素描及色彩知识；项目三为设计构思与草图表现，主要介绍构思草图的表现技法；项目四主要介绍平面图、立面图、剖面图及分析图表现；项目五为园林常用景观要素表现，主要介绍植物、景观配景、小品的表现技法；项目六为园林景观透视场景表现，主要介绍局部透视效果图和鸟瞰图的表现技法；项目七为园林景观综合表现范例赏析（拓展项目），利用快题的形式介绍了不同使用功能的景观场景表现。学时分配表如下。

学时分配表

序号	教学内容	课时分配		
		讲授	实践	合计
项目一	基本释义	1	1	2
项目二	基础知识入门	2	8	10
项目三	设计构思与草图表现	2	2	4
项目四	平面图、立面图、部面图及分析图表现	2	10	12
项目五	园林常用景观要素表现	2	10	12
项目六	园林景观透视场景表现	2	10	12
项目七	园林景观综合表现范例赏析	2	10	12
合计		13	51	64

本书在选取案例时，考虑了园林设计的各案例类型，包括庭院绿地方案表现、屋顶花园方案表现、城市河道周边绿地设计表现、产业园区绿地设计、居住区绿地设计、滨水公园景观方案表现、市政公园景观设计、教学楼庭院景观方案表现等。在图纸的训练上，涵盖了草图、平面图、立面图、剖面图、透视效果图等，做到了全方位覆盖。

本书由成都农业科技职业学院刘学锋担任主编，安徽农业大学郭文博、成都农业科技职业学院韩慧丽、四川农业大学程艾担任副主编，参编人员有张劲农、杨燕、柴海龙、陆奕兆、王一啸、杨洁、谭璐、蒋跃军和阳淑。在编写的过程中，得到了各方的大力支持，在此表示衷心的感谢。

由于编者水平有限，书中疏漏之处在所难免，欢迎广大读者批评指正。

编　者

目　录

项目一　基本释义

【项目描述】

通过本项目的学习，认识园林景观手绘的相关概念。

【学习目标】

1. 理解园林手绘表现技法的概念。
2. 熟悉园林手绘表现技法的特点。
3. 掌握园林手绘表现技法的学习方法。

【参考学时】

2 学时，包括 1 学时讲授，1 学时讨论。

【地点及条件】

多媒体教室或理实一体化绘图室。

任务 1　园林手绘表现技法的概念

手绘表现能力是一名设计师必备的基本功，是设计人员必须掌握的一项能力。手绘表现是设计师在接单设计时思维最直接、最自然、最便捷和最经济的表现形式，是快速表达设计理念的一种方法。它可以在设计师的抽象思维和具象的表达之间进行实时的交流和反馈，它是培养设计师艺术修养和技巧行之有效的途径。

任务 2　园林手绘表现技法的特点

手绘表现可以运用到设计领域的各个方面，如室内设计、建筑设计、广告设计和景观设计等。本书主要训练手绘表现在景观设计部分的运用。其特点主要包括以下几个方面：

1. 速度快

手绘表现首要的特点就是速度快，设计人员能够在很短的时间内运用各种手绘技法表现出自己的设计理念。

2. 科学性与艺术性相融合

为了保证手绘图纸的真实性，避免绘制过程中出现的随意或曲解，必须按照科学的态度对待画面上的每一个环节。无论是起稿、作图或者对光影、色彩的处理，都必须遵从透视学和色彩学的基本规律与要求，要以一种严谨和科学的态度认真对待每一幅设计图。手绘图既是一种科学性较强的工程施工图，也是一件具有较高艺术品味的绘画作品。好的手绘图可以把它当作室内装饰品甚至永久收藏，这都充分显示了一幅精彩的手绘图所具有的艺术魅力。所以，一幅好的设计图从另外一个角度来说也是一幅好的绘画作品。

3. 理性与感性的结合体

手绘表现既要体现出功能性又要体现出艺术性，而一般绘画作品则着重于感性观念的创作，注重形态的真实性，但手绘表现图纸要运用理性的观念来作图，因此又比较注重工具的使用（如绘图仪器、尺、模板等），所以手绘图纸的绘画相对来说是理性与感性的结合体。

任务3 园林手绘表现技法的学习方法

第一步：临摹

临摹别人的作品，可以从简单的开始，这样做可以直接和有效地学习别人的经验，是一种学习的表现形式。在临摹的时候一定要明确自己的学习目的和学习方向，不要一味去临摹，要从中思考、总结。可以整体地去临摹一张图，也可以从局部开始，如学习塑造形体的时候，最好将临摹品和物体对照一下，观察分析别人是如何把握和处理形体的大块面及细节上的变化，哪些可以忽略，而哪些需要深入刻画。一开始进行手绘的时候，最好着重线条方面的训练，这对形体的准确把握很有帮助。

第二步：写生

写生是对美术知识和技术思维的一种考验，多实践可以打下更好的基础（包括造型基础）。写生过程中需要全心投入到环境中，认真地分析对象的形体关系，准确地抓好形体结构。绘制时要注意整体关系上的把握，如明暗、主次等关系，不要被细节所左右。特别是要求快速表现的时候，表现时也不要太过拘谨。

第三步：默写

默写可以增强记忆和对对象形体的理解，是中后期练习中需要的自训手段。平时需要具备勤奋的心态，多多练习，这样对手绘的进步有很好的促进作用。

练习

一、习题

1. 填空题

(1) 手绘表现是设计师在接单设计时思维最________、最________、最________和最经济的表现形式，是快速表达设计理念的一种方法。

(2) 无论是起稿、作图或者对光影、色彩的处理，都必须遵从________和________的基本规律与要求，要以一种严谨和科学的态度认真对待每一幅设计图。

（3）手绘表现既要体现出____________又要体现出____________，要运用理性的观念来作图，所以手绘图纸的绘画相对来说是____________与____________的结合体。

2. 问答题

（1）简述园林手绘表现技法的概念。

（2）简述园林手绘表现技法的特点。

（3）简述园林手绘表现技法的学习方法。

二、答案

项目二　基础知识入门

【项目描述】

通过本项目的学习，认识手绘表现常用的工具，熟悉各工具的特点及属性，了解素描和色彩的基本知识。

【学习目标】

1. 认识工具。
2. 熟悉各工具的特点及属性。
3. 掌握不同笔的线条绘制方法。
4. 理解构图及明暗关系。
5. 掌握透视原理。
6. 理解色彩三要素及色彩的冷暖与对比。
7. 理解素描知识及色彩知识在园林手绘表现中的应用。

【参考学时】

10 学时，包括讲解与演示。

【地点及条件】

多媒体教室或理实一体化绘图室。

任务 1　认识工具

认识和熟悉手绘表现中常用的工具是学习的前提条件，随着社会的发展，所涉及的工具也发生了变化，以往的喷笔、水粉颜料、水彩颜料因为其使用不便已逐步被淘汰，取而代之的是彩色铅笔、马克笔等能够快速表现的工具。不同的工具有不同的特性和使用要求。我们可将手绘工具分为笔、纸和辅助工具三大类。

2.1.1　笔类

可根据使用功能的不同分为绘制线稿的笔和着色的笔两大类。用于绘制线稿的笔主要有：铅笔、中性笔、针管笔、钢笔等，用于着色的笔主要有水彩、水粉、彩色铅笔、马克笔等。

1. 线稿用笔

线稿用笔主要包括：铅笔、中性笔、针管笔、钢笔等，如图 2-1 所示。铅笔因可多次擦除修改，所以常被用作起形之笔。铅笔的种类很多，根据软硬程度等综合因素考量，手绘表现技法中使用的铅笔型号多为“2B”，当然也可根据实际情况选择合适的铅笔型号。中性笔、针管笔、钢笔都是画线稿不错的选择，根据线条的粗细可以选择不同型号的笔，但是中性笔和钢笔往往干燥速度没有一次性针管笔快，所以目前一次性针管笔的使用率较高。

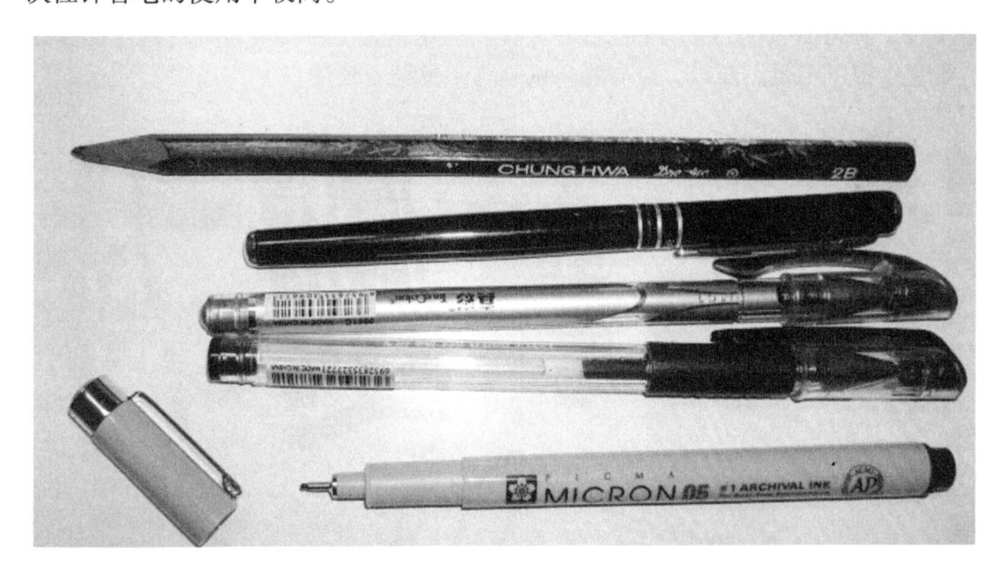

图 2-1　线稿用笔

2. 着色用笔

着色用笔主要包括：彩色铅笔、马克笔、水粉、水彩、喷笔等，如图 2-2 所示。由于水粉、水彩着色速度较慢，因此本书重点介绍马克笔和彩色铅笔的着色技巧。

图 2-2　马克笔、彩色铅笔

马克笔的种类繁多，可根据需要自行购买。一套马克笔有很多支，初学者需要根据自己的专业性质，在熟悉马克笔色号的前提下选择出一套合适的色系（不同品牌的色号不同），如灰色系列、蓝色系列、绿色系列、黄色系列、棕色系列、红色系列、紫色系列等。将色彩进行分类后，有利于作画时更好地寻找颜色。虽然马克笔颜色种类较多，但不可能买全，所以使用时，可将马克笔的颜色进行叠加和混合，以达到更多的色彩效果。要注意的是，马克笔也有三原色，但因其易干的特点，两色间难以混合，不可能达到标准的间色复色，所以马克笔的三原色与其他色一样，不能起到特殊作用。

马克笔虽分为水性、油性、酒精等不同种类，但因其笔尖都有一定的宽度，所以笔触较为明显。在使用马克笔时，要充分利用其笔尖特性，通过调整画笔的角度和笔头的倾斜度，达到控制线条粗细变化的笔触效果，如图2-3所示。马克笔上色主要采用排线法，有规律地组织线条的方向和疏密，有利于形成统一的画面风格。可运用排笔、点笔、跳笔、晕化、留白等方法，根据需要灵活使用，但无论使用哪一种方法，下笔都要快、准、稳。因为马克笔的覆盖性较差，所以尽量减少平涂和重复过多的颜色，第一遍颜色干透后再进行下一步上色，否则会使画面变脏，影响整体效果。正是因为其覆盖性较差，淡色无法覆盖深色，所以，在上色的过程中，应该先上浅色而后覆盖较深重的颜色，并且要注意色彩之间的相互和谐，忌用过于鲜亮的颜色，应以中性色调为宜。马克笔无法表现较为细腻的质感和细节，单纯地运用马克笔，难免会留下不足，所以，应与彩色铅笔等工具结合使用。

图2-3 马克笔基本用笔方法

彩色铅笔的基本画法有两种：平涂和排线，如图2-4所示。彩色铅笔上色切忌心浮气躁，否则出来的画与儿童画无异。排线的时候应该老老实实地去排，不同的线条可表现不同的肌理，有人说彩色铅笔颜色少不过是不明白彩色铅笔的半透明性而已，叠色和混色都可以组合出无数变化。平涂无太多要求，但需注意力度要轻，逐层上色，不要一步到位。彩色铅笔可以表现物体的细节，这是马克笔无法实现的，所以在手绘表现技法上可采用马克笔和彩色铅笔的相互配合达到表现的目的。

2.1.2 纸类

可用于手绘表现技法的纸张有很多，如绘图纸、复印纸、硫酸纸、有色卡纸、底纹纸等，如图2-5所示。不同的纸张有其不同的特性，如硫酸纸纸张通透，但吸水性不好，适合搭配油性马克笔使用。选择有色纸张的时候，所选颜色不应太深。

1. 素描纸

纹路比较粗糙，最适合用铅笔、碳笔、碳条绘制，但用铅笔在一块地方反复涂抹的时候则会变腻。素描纸滞水性差，用钢笔、水性笔画的时候墨水容易晕开，但因为纹路粗糙的关系，用少量墨水就可以轻松画出沙笔的效果。建议用水性笔绘制的时候，行走线条的速度要快，不要在一个点滞留，水过多就

图 2-4 彩色铅笔基本用笔方法

图 2-5 纸

会起毛，破坏效果。

2. 水粉纸

纸张偏厚，纹路粗糙，呈圆形印压，有正反两面的区分。这种纸只适合用水粉画，铅笔在上面画不出细腻的线条，更不用说墨线，仅适用于刻意追求纹路效果。

3. 水彩纸

水彩纸质地很好，韧性较好，水分过多也不会皱，纹路自然，用水彩、水粉、墨线效果都不错，适合画彩稿。用水彩纸画彩稿时最好先裱在画板上，因为不裱的话水分会使纸变得凸凹不平，影响绘制。

4. 绘图纸

绘图纸比较光滑，价格便宜，选择较厚的纸张用于线稿的绘制相当不错，但因其过于光滑，所以彩色铅笔上色效果较差，比较适合马克笔绘制。

5. 印纸

即复印或者打印用的纸，分 A3、A4 等规格。通常 A4 用得最多。选纸方法主要看包装上的克数，克数越多说明纸张越厚，偏厚的纸张上墨线不会晕开，但上色效果不够理想。

6. 卡纸

这种纸很厚，有两面之分，卡纸有很多颜色，尽量选择颜色较浅的纸张，便于后期上色。还有一种有底纹的卡纸，叫底纹纸，可以表现出肌理效果。通常白卡纸选择较多。白卡纸一面非常光滑，有反光，墨线颜色画上去很清晰，但不容易干，画的时候要特别注意保持干净，好处是墨线画上去可以用橡皮擦掉，反面则和一般的绘图纸质地差不多。

7. 硫酸纸

硫酸纸是一种半透明的纸，又称为描图纸、印刷转印纸、它的主要用途为描图，墨线绘制如果出现错误可以用刀片刮除，用硫酸纸绘制的手绘表现图可以呈现通透的效果。因其纸张质地光滑，彩色铅笔不易着色，使用马克笔上色时笔触不能重复过多，吸湿变形量大。

2.1.3 辅助工具

手绘技法辅助工具主要有尺规、橡皮、刀具、修正液等，可根据不同技法选择不同的辅助工具，如图 2-6 所示。特别需要强调的是修正液主要使用在效果图的高光部位，不可到处涂抹。在学习手绘表现技法之前应熟悉各种工具的特性，以便在使用时达到最佳效果。

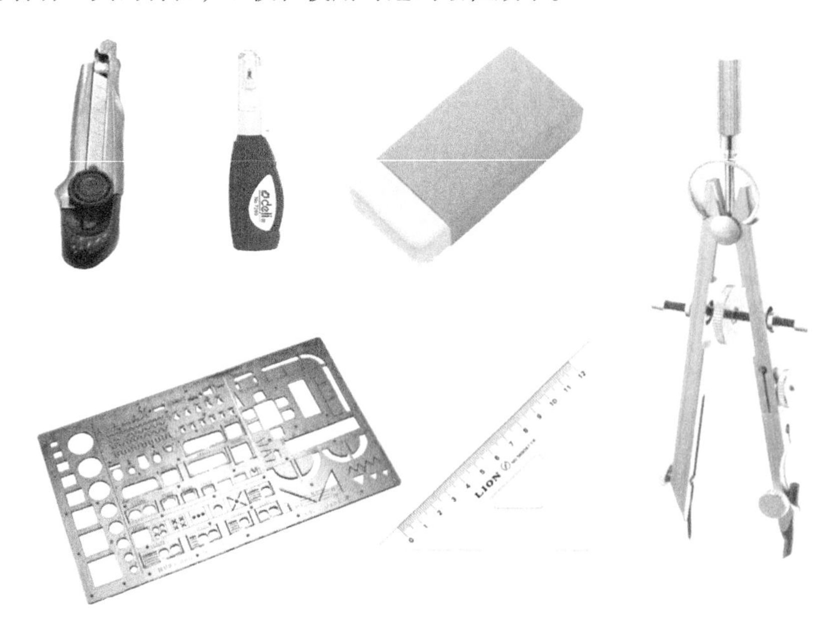

图 2-6　手绘辅助工具

任务2 素描基础知识

素描是一切造型艺术的基础。狭义的素描是指西方传统写实素描；广义的素描泛指一切单色绘画形式，包括速写。

依据素描的目的，可以分为研究性和表现性两大类。研究性素描也称习作性素描，属于写生范畴，要对物象做深入细致的研究，充分观察并表现出物象的形体结构、明暗关系等。学习阶段，为了提高造型能力，学生要做大量的研究性素描。画家为了搜集创作素材也会进行研究性素描。表现性素描属于美术创作范畴，有明确的表现意图，或是在技巧方法上和素描语言上进行某些探索和创新。

依据素描的画法，可分为结构素描和明暗素描。结构素描是以形体的结构为造型手段，忽略物象外在的、表面的、偶然的和不确定的因素，从形体的结构入手，紧紧围绕结构刻画形象。其特点为以线条为主要表现手段，塑造和表现形体的结构关系、空间关系和透视关系。结构素描是通向实用设计、拓展创意的最佳途径。明暗素描又称“全因素素描”，是以明暗色调来表现形体结构的素描，是西方写实传统素描。明暗素描在视觉上更具真实性，具有较高的欣赏价值。

依据素描的题材，可分为几何体素描、静物素描、人体素描、人物素描、动物素描以及风景素描和建筑素描等。

依据素描的工具，可分为铅笔素描、钢笔素描、炭笔素描、签字笔素描等。

2.2.1　线条训练

1. 铅笔素描执笔方法

为了更好地掌控画面、充分发挥笔的性能、灵活放松地绘画，执笔方法一般多采用横握法。此执笔法运笔流畅、不易蹭脏画面，如图2-7所示。

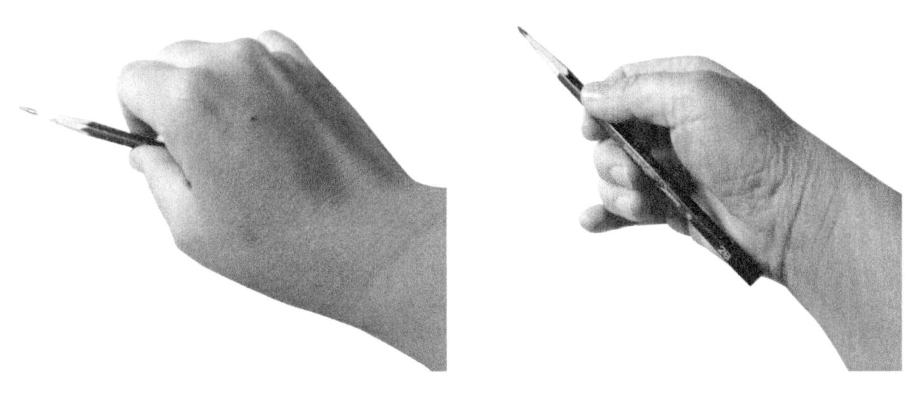

图2-7　横握法示意图

初学者要先掌握用铅笔的技巧。铅笔直立用笔尖画出来的线较清晰而坚实；铅笔斜侧用笔腹画出来的线条较模糊而柔和。无论用何种工具都需要一定的练习，才能熟练掌握。能够画出漂亮的线条是手绘表现的基本技能。

在铅笔素描过程中，会用到以下几种线条。

1）辅助线：在素描的构图阶段，用大刀阔斧的线条快速、简练地勾画出各个物体的位置。

2）轮廓线、结构线：在素描的轮廓结构阶段，根据不同的物体的特点，用变化丰富的线条概括、准确、细致地塑造出物象。

3）排线：在素描的明暗关系阶段，用干净整齐、疏密变化有致的排线铺出黑、白、灰等各种调子，从而表现出物象的立体感、空间感、质感等。远树用统一的排线画出即可，近树的树冠要用排线画出明暗关系，还要根据叶形的特点采用变化丰富的线条将细节表现出来。

2. 钢笔、签字笔（针管笔等）执笔方法

用钢笔、签字笔画素描时，由于这些笔只有笔尖，没有笔腹，画出的线条变化不多，所以，用平时写字的握笔方法即可，如图2-8所示。

图2-8 写字握笔示意图

在园林景观中，由于有建筑、植物、水体等质感迥异的景物，因此，画面中所用的线条比一般素描作品更加丰富多变。如画云的线条要轻松、流畅；画地面的线条要凝重、厚实；画水的线条要纤细、柔和；画山石的线条要滞浊、刚硬等。总之，根据不同的景物，运笔要灵活、生动，并注意虚实变化。

线条是素描最基本的造型语言，也是素描最基本的造型要素。线条本身具有形式美；线条一般具有浓淡、粗细、虚实、曲直等形态变化，如图2-9所示。

2.2.2 构图

构图，在我国传统绘画中也称“经营位置”，是指形体在画面中的位置及其所组成的画面结构形式。构图对表现主题起决定性的作用，构图的好坏，关系着素描的成败。常见的构图形式有：三角形构图、多边形构图、“S”形构图、“V”形构图、圆形构图、金字塔形构图、十字形构图等。

2.2.3 明暗关系

我们观察或表现形体时，均需有一定的光线条件。任何形体，不论结构如何复杂，色彩如何变化，只要处于一定的光线照射下，就会产生明暗变化，将这种明暗变化用素描调子的深浅表现出来，就是色调。

物体受到光线照射所产生的变化具有规律性，在白色的石膏几何体上表现尤为明显，即通常所说的“三大面”“五调子”。

图 2-9　线条变化示意图

1. 三大面

物体具有高度、宽度和深度，由此产生立体的特征。三大面是指受光线直射的亮面、受光线侧射的灰面和背光的暗面。也就是我们通常所说的“亮、灰、暗”三大面。立方体的表现最为典型，如图 2-10 所示。

2. 五调子

五调子是指亮色调、中间色调（灰调子）、明暗交界线、反光和投影。物体由明到暗的变化幅度很大，且很微妙，不管形体多么复杂，结构如何变化，除非多光源照射，其明暗变化的规律是不变的，如图 2-11 所示。

图 2-10　三大面

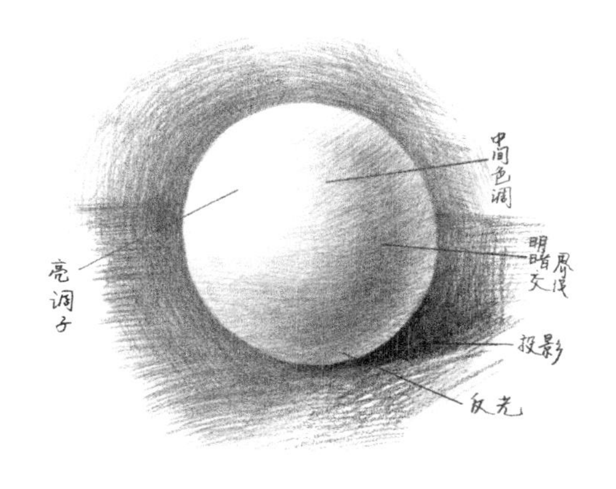

图 2-11　五调子

1）亮色调：是受光线直射的受光面，呈现亮色调，焦点称为“高光”。

2）中间色调（灰调子）：光线侧照的面，呈现中间色调。

3）明暗交界线：是指物体的受光面与背光面相交的地方，是物体中色调最深的部分，它既不受光线照射的影响，又不受环境及反光的影响。它实际上并非一条线，而是狭长的、具有起伏变化的面。

4）反光：反光在物体的背光部分。

5）投影：投影是光线被遮挡后，在物体的背光一侧顺光线照射方向留下的阴影。

一般情况下，亮色调和中间色调处于受光面。明暗交界线、反光及投影处于背光面。因此，在写生中应整体观察、整体比较及表现。在自然的日光照射下，物体的上方为受光部，上方要亮，而下方要暗。对于树木而言，枝叶掩映的浓密之处往往是最暗的地方。

在风景素描写生过程中，由于自然景物比较繁杂多样，要注意观察太阳的位置变换，尽量在一定的时间段内完成画面，以确保明暗关系的一致性。如果难以完成，就在第二天的相同时段继续画完。特别是主要景物的光源方向、投影位置务必要统一，如图 2-12 和图 2-13 所示。

图 2-12　日光明暗关系

图 2-13　雪松的明暗关系表现

2.2.4　透视原理

透视是效果图的灵魂。透视准确，则图面真实可信；透视不准，则图面失真变形，所以，园林设计师要在透视上下大功夫。

1. 透视常用名词

视点（eye point，缩写为 EP）：画者眼睛所处的位置。

视高（eye high，缩写为 EH）：画者眼睛的高度。

视线（center visual ray，缩写为 VR）：从视点到物体的连线。

视平线（horizon line，缩写为 HL）：与视高等高的一条假设的水平线（往往作为地平线）。

基面（ground plane，缩写为 GP）：承载物体的水平面，一般情况下为地面。

画面（picture plane，缩写为 PP）：位于视点前面的图画。

基线（ground line，缩写为 GL）：基面和画面的交界线。

视心（center of vision，缩写为 CV）：又称“心点”“主点”，是指画者的眼睛正对视平线上的一点，即视线与视平线（地平线）的交点。

灭点（vanishing point，缩写为 VP）：透视线的消失点。

站点（standing point，缩写为 SP）：画者在地面上的位置。

原线：与画面平行，不产生透视变化的线。包括水平线、垂直线和斜线。原线没有消失点。

变线：与画面成角的线称为变线，也可称为产生透视变形的线。

透视示意图如图 2-14 所示。

2. 两种常见的透视形式

在绘画中有一点透视（平行透视）、两点透视（成角透视）、三点透视（倾斜透视）、散点透视（中

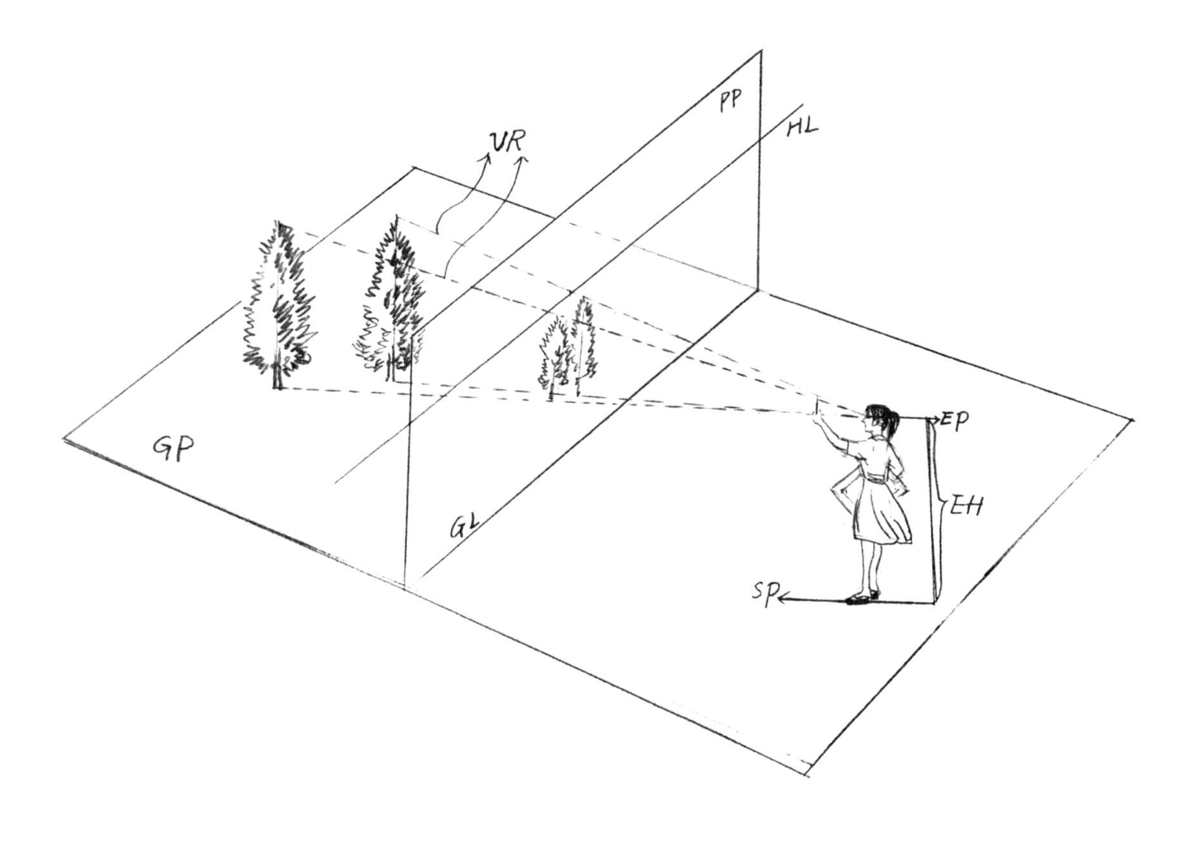

图 2-14　透视示意图

国画中常见）四种形式。前两种为园林绘画中所常用，故后两种略。

（1）一点透视，也称平行透视（图 2-15 和图 2-16）。当空间或物体的一个面与画面平行，与画面垂直的一组线则消失在灭点即心点上（视平线中心），称为平行透视。

平行透视作画步骤解析如图 2-17 所示。一点透视的画面往往呈现对称式构图，充分全面地表现出环境的整体效果及正面细节，空间感强烈。

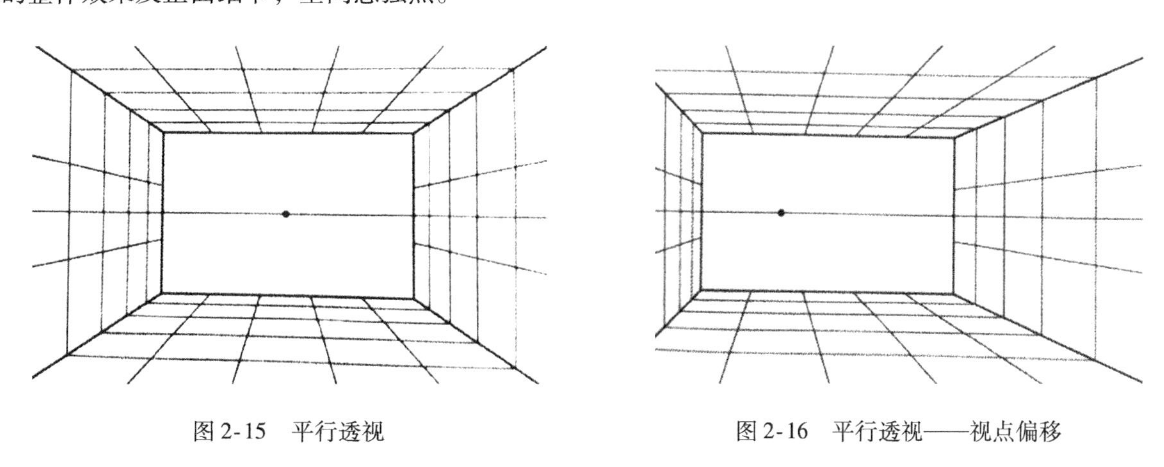

图 2-15　平行透视　　　图 2-16　平行透视——视点偏移

（2）两点透视，也称成角透视，如图 2-18 所示。当空间或物体的立面与画面成一定夹角，所有变线分别消失在视平线左右的两个灭点上，称为成角透视。

成角透视的画面效果生动、灵活，主体突出，有强烈的立体感，符合人们的视觉习惯。

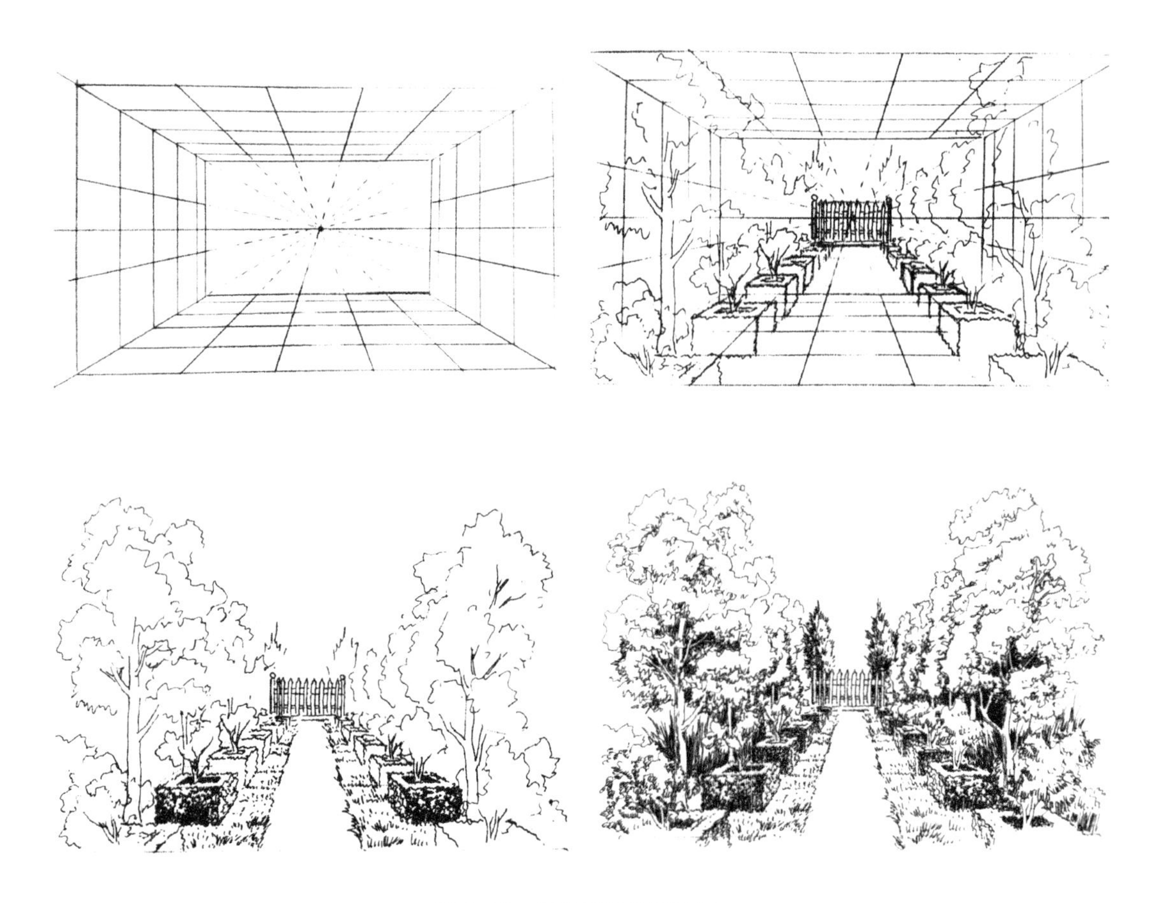

图 2-17　平行透视作画步骤

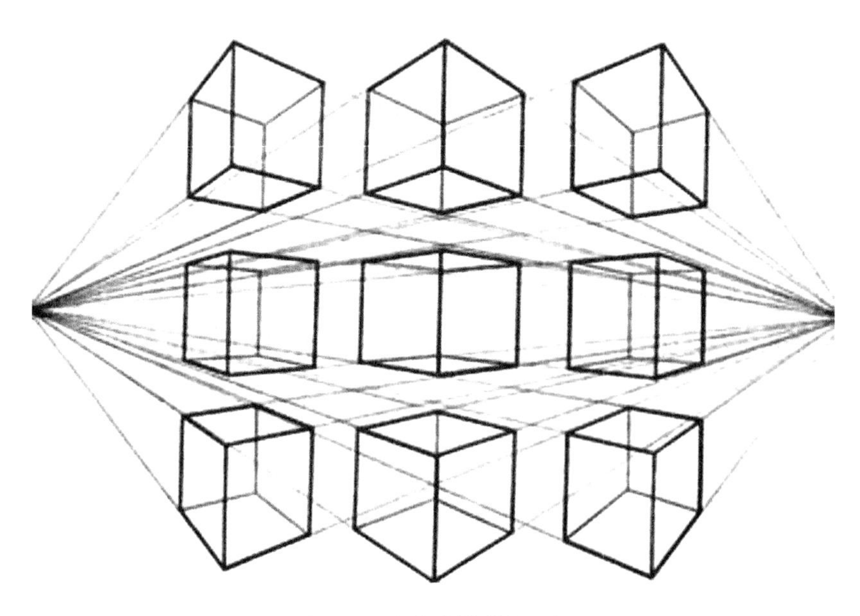

图 2-18　立方体的成角透视

成角透视作画步骤解析如图 2-19 所示。绘制园林透视图最常用的方法是网格法，常用透视网格有：平行透视网格、偏角为 45°和 30°～60°的成角透视网格。网格可以自己绘制，绘图用品商店也有绘制好的透视网格售卖。在绘制园林效果图时，为提高出图效率，可将透明描图纸（如硫酸纸）蒙在网格图上

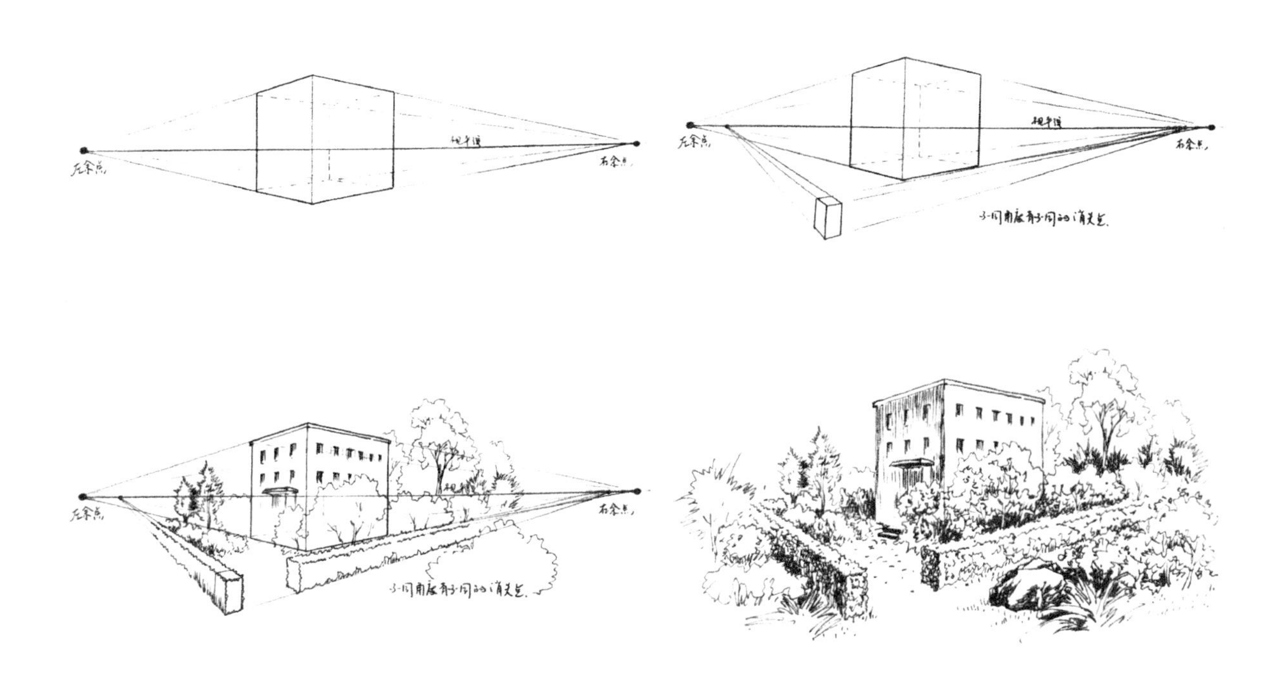

图 2-19　成角透视作画步骤

固定好后，直接绘制。

当然，如果经过严格的绘画训练，眼到手到，技法熟练，则大可不必借助透视网格，徒手画即可。

2.2.5　风景素描

风景素描要先选景、取景、选角度。要多走、多看，把其中最美的风景片段选取出来。构图时要善于取舍，不美或有损于画面整体效果的景物舍掉，美的并能渲染主题气氛的景物取进来。取舍一定要合乎情理，要注意与画面协调一致。

画时先确定视平线的位置。视平线在画面的中间是平视构图（见图 2-20），视平线在画面的上方是俯视构图（见图 2-21），视平线在画面的下方是仰视构图（见图 2-22）。具体到画面中形象的刻画要注意主景突出，层次分明。可以按近景、中景、远景次序进行。

图 2-20　平视构图

图 2-21　俯视构图

图 2-22　仰视构图

任务3 色彩基础知识

色彩是指通过光刺激到眼睛再传到大脑的视觉中枢神经而产生的一种感觉，光是一切色彩的主宰。光给世界带来了色彩，光消失，色彩也随即消失。色彩学家伊顿说：色是光之子，光是色之母，如果你能不知不觉地创造出色彩杰作来，那么你创作时就不需要色彩知识，但是如果你不能在没有色彩知识的情况下创作出色彩的杰作来，那你就应当寻求色彩知识。

2.3.1　色彩三要素

色彩有三种属性，即色彩三要素：色相、明度和纯度。人眼看到的任一色彩都是这三个特性的综合效果，这三个特性即是色彩的三要素。

1. 色相

色相是指色彩的相貌，如红、黄、蓝等能够区别各种颜色的固有色调。色相也称色度。每一种颜色都具有与其他颜色不相同的相貌特征。在诸多色相中，红、橙、黄、绿、青、蓝、紫是七个基本色相，将它们依波长秩序排列起来，可以得到像光谱一样美丽的色相系列，如图 2-23 所示。

色相与色相之间相互混合会得到其他色相，如图 2-24 所示。

图 2-23 色彩光谱的基本色相

图 2-24 色相环混合

2. 明度

明度是指色彩的明暗程度，也称深浅度，是表现色彩层次感的基础。在无彩色系中，白色的明度最高，黑色的明度最低。在黑白之间是一系列灰色，靠近白色的部分称为明灰色，靠近黑色的部分称为暗灰色，明度可由明度基调表示，如图 2-25 所示。

在有彩色系中，黄色明度最高，紫色明度最低。任何一个色彩，当它掺入白色时，明度提高；当它掺入黑色时，明度降低，其纯度也降低，色相也相应发生变化，如图 2-26 所示。

3. 纯度

色彩的纯度是指色彩的鲜艳程度，又称色彩饱和度。纯度的变化可通过三原色互混产生，也可以通过加白、加黑、加灰产生，还可以通过补色相混产生。如果纯度高的色彩加入了不同程度的灰色或其他颜色，纯度就会降低。凡有纯度的色彩必有相应的色相感。色相感越明确、纯净，其色彩纯度越高；反之，则越灰。纯度较低，色彩相对也较柔和。园林景观设计的手绘表现技法中也会常常用到色彩纯度来表现，如图 2-27 所示。

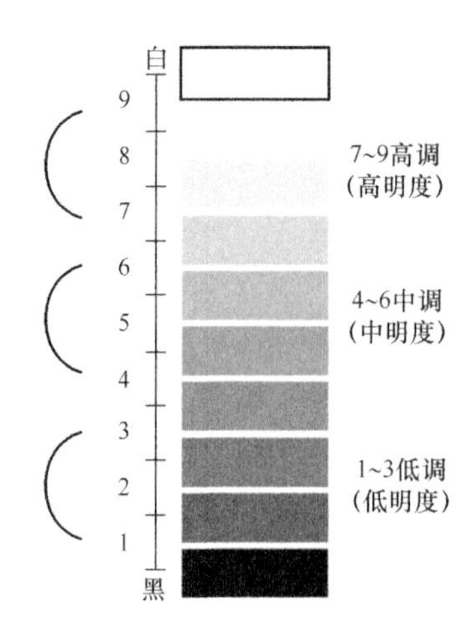

图 2-25　明度基调

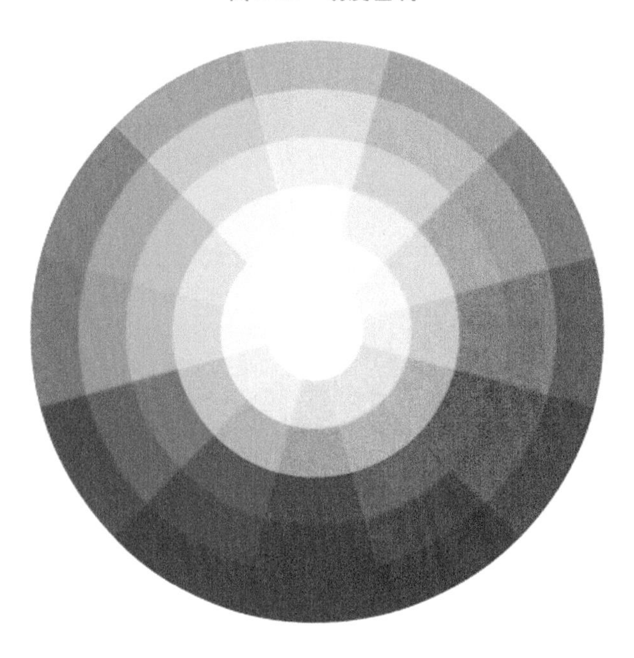

图 2-26　明度变化

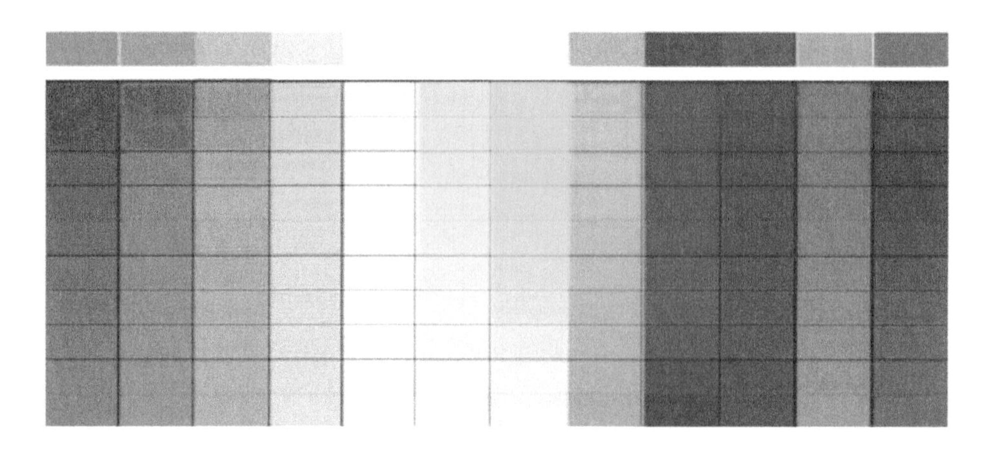

图 2-27　纯度表

2.3.2　色彩的冷暖与对比

1. 色彩的冷暖

色彩的冷暖感主要取决于色相。

暖色以红黄为中心，可见度高，色彩感觉比较喜庆，色彩中的红、橙、黄等暖色系具有前进感，是一般园林设计中比较常用的色彩。在浓密的风景林，使人产生神秘和胆怯感，不敢深入，配置一株或一丛暖色的乔木或灌木，如红枫、红叶李、红继木、银杏、金叶榕等，将其植于林中空地或林缘，即可使林中顿时明亮起来。如欲表达节日欢庆气氛，可在入口处或重要位置上配以色彩鲜艳的植物景观。

冷色以蓝色为中心，可见度低，在视觉上有后退的感觉。所以在园林设计中，对一些空间较小的环境，可采用冷色或倾向于冷色的植物，能增加空间的深远感。在园林景观设计中，特别是花卉组合方面，冷色又常常与白色和适量的暖色搭配，能产生欢快感，在一些草坪、花坛等处多有应用。冷色在心理上有降低温度的感觉，在炎热的夏季和气温较高的南方，采用冷色会使人联想到海天冰雪和深林阴影的凉爽感。如蓝色的三色堇、瓜叶菊、八仙花、风信子，如图 2-28 和图 2-29 所示。

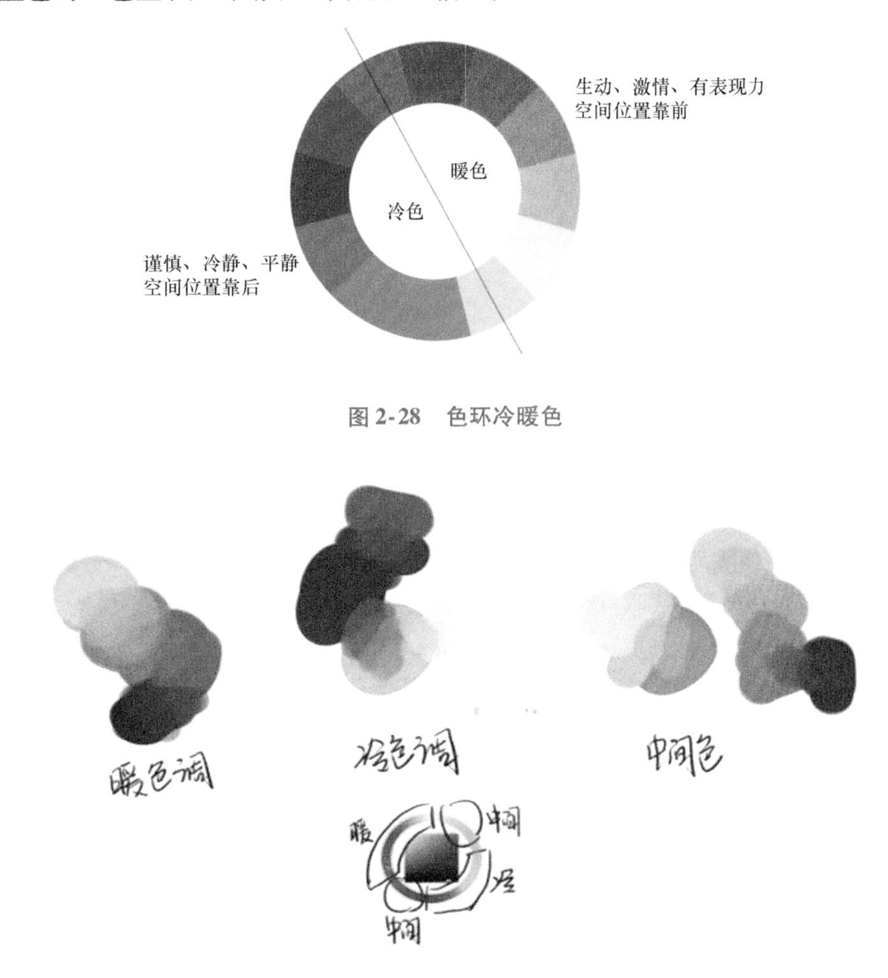

图 2-28　色环冷暖色

图 2-29　冷暖色调

在视觉上，暖色有膨胀感，冷色有收缩感，即等面积的色块，在视觉上冷色比暖色面积感觉要小。所以在园林设计中，要使冷色与暖色获得面积同等大的感觉，暖色系植物其周围配的冷色系植物面积应略大，以寻得“视觉平衡”。

2. 色彩的对比

当两个以上的色系放在一起，比较其差别及其相互间的关系，称为色彩对比的关系，它们有较量、求得异同等意思，简称色彩对比。将两个或两个以上的色彩放在一起，是构成色彩对比的第一个条件。这里所说的一起，是指在尽可能接近的时间和空间里，即在同一视域，最好在同一视域中心之内。只有时间与空间意义上的一起，才能准确地发展异同，才能最充分地显示出应有的对比效果。否则视觉印象就会淡漠甚至消失，这样便失去了对比的意义。对比出色彩应有的差别，是色彩对比的目的。但必须在同一条件下才允许做比较，如重量与重量比、体积与体积比、线与线比、形与形比等。在色彩对比里，重点介绍色相对比、明度对比、纯度对比。

（1）色相对比。将两种或两种以上不同的颜色有比较地安排和构成，因为它们有差别而形成的色彩对比现象，称为色相对比。

1）类似色对比：指含有共同色相的颜色之间的对比。类似对比会使共同色相减弱而趋向明度对比效果，色彩不如原来鲜明，但更加调和统一，如图 2-30 所示。

2）同类色对比：指同种色相不同明度的对比。这样两色并列，邻接的边缘明度高的更高，低的更低，能体现出色彩的层次关系，如图 2-31 所示。

图 2-30　类似色对比

图 2-31　同类色对比

（2）补色对比。对比效果鲜明强烈，如果搭配不合理的话，则会显得鄙俗。互补色也称为姻缘之色，互补的色彩搭配有红与绿、黄与紫、蓝与橙。两色相对，如红与绿，红更红，绿更绿。如搭配不当的话，视觉中会觉得生硬，不妥帖。

（3）冷暖色对比。通过冷色与暖色的对比，让冷色更冷，暖色更暖。通过两色的对比，使色彩更有主有从。同时可以通过不同明度、色相和纯度加以调节。

（4）明度对比。指两种或两种以上不同明度的色彩构成在一起，通过色彩明暗程度对比来产生对视觉的影响。明度对比可以用明度基调对比来表现，如图 2-32 所示。

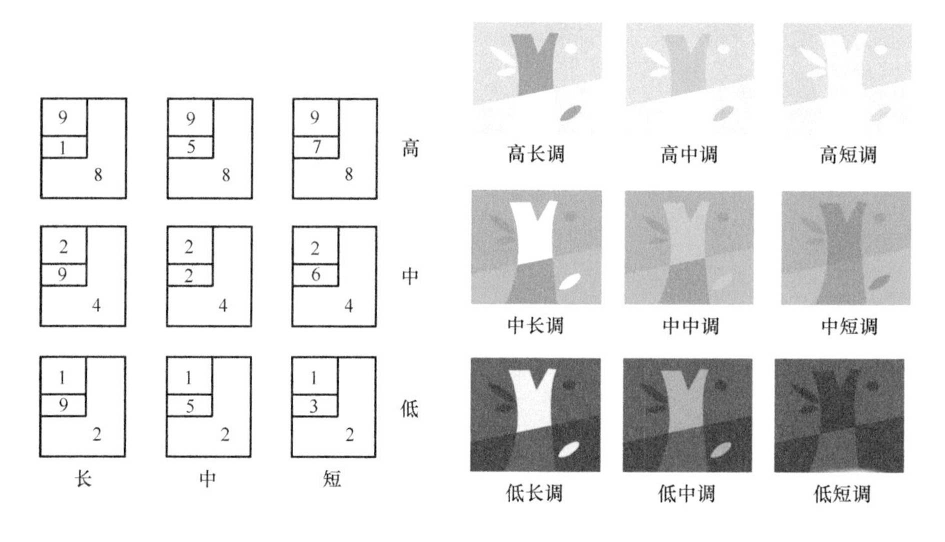

图 2-32　明度九大基调对比表现图

（5）纯度对比。由于色彩的纯度的差异而产生的色彩鲜艳或灰浊感的对比称为纯度对比。对比整体和局部颜色的鲜艳程度以及由此形成的色彩关系。如：柔和沉着的画面，局部使用鲜明色彩起点金的作用，鲜明色为主的画面，同时使用灰色，使鲜明色更鲜明效果更明亮。

2.3.3 色彩在园林手绘表现技法中的运用

色彩，是园林景观设计中的关键要素之一。色彩在各个设计领域里，都是设计师必须考虑的因素。通过色彩搭配，人们可以看到如何将色彩理论应用到园林景观设计的实践中。一个有效的景观色彩设计可以弥补许多景观设计中的缺陷。手绘效果图中的空间环境的色调，物质的材料、色泽、质感等，都要通过色彩来表现。如城市公园、绿地大多以绿色为主色调，配以建筑、小品等景观元素的色彩作为点缀。但不管是以绿色为主，还是其他颜色为主，园林景观的色彩设计都要遵循色彩学的基本原理和色彩配置原则，运用色彩的对比调和法则，以创造出和谐、优美的色彩。

手绘效果图的表现更是注重空间大的色彩关系，着重表现物体的“自身”特性，在刻画上从单体入手，注重物体的固有色和质感，让观者与现实中的物体、色彩产生对照或联想。

从色彩的物质载体性质的角度来说，组成园林景观的色彩可分为三类：自然色、半自然色和人工色。自然色是指自然物质所表现出来的颜色，在园林景观中表现为天空、石材、水体、植物的色彩。半自然色是指人工加工过但不改变自然物质性质的色彩，在园林景观中表现为人工加工过的各种石材、木材和金属的色彩。人工色是指通过各种人工技术手段生产出来的颜色，在园林景观中表现为各种材料和色彩的瓷砖、玻璃以及各种涂料的色彩。

景观设计手绘中植物色彩的搭配及组成要素如下：

1）整体性。在景观设计中，植物一般是与建筑、小品、铺装、水体等其他景观元素一起出现的，此时植物有处于支配地位或是次要地位两种情况。另外一种情况就是植物大面积或小面积作为单独观赏对象出现。这里，需要注意的是当植物处于支配地位和作为单独观赏对象时的配色处理。但不管任何情况下，植物的色彩设计都不能单独进行，要从整体色彩效果出发。

2）植物的基本色彩。不管任何季节，植物都少不了绿色，虽然由于季节和光线的原因，植物的绿色也会有深浅、明暗、浓淡的变化，但这些绿色也只是存在着一些明度和色相上的微差，当作为一个整体而出现时，是一种因为微差的存在而产生的调和效果。所以，手绘作图中的植物，尤其是配以大面积的植物时，要以绿色为基调。

3）点缀色。如不是为了特殊的效果，其他色彩一般作为点缀色出现，点缀的方式有以下几种：成片涂抹，即把各种植物当作颜料一样在绿色的背景上挥洒，这种情况一般会用花卉或灌木作为色彩的载体；以少胜多，即在绿色基调上的合适部位适当地点缀些对比色，这时，可以将建筑、小品的色彩加进来，从明度上划分层次，营造空间效果。

4）背景效果。背景色对植物的色彩配置有重要的作用。远山、蓝天、大面积的水面均可以像天幕一样充当植物色彩的背景。这三种背景色都属于灰色系，当配置植物作为前景时，明度较高的色调比较合适，但前景和背景之间应该有适当中明度或低明度的色彩过渡，还要考虑空气透视的效果。园林景观中的一些垂直景物，如墙面、绿篱、栏杆等也会充当植物的背景。这时，要根据背景的色彩特性，来配置植物色彩。

园林手绘的色彩设计的最终目的就是要使整体色彩统一协调，实现视觉上的美感，使景观小品或建筑成为视线的焦点或成为景观的标识。但不管这样的装饰色彩多么优美，前提都是要与周围的环境相互协调。把属于不同空间的色彩联系起来，使园林景观局部和局部之间取得色彩效果上的对比和调和。

练习

一、习题

1. 名词解释

（1）素描：________________________________。

（2）构图：________________________________。

（3）明暗关系：________________________________。

（4）一点透视：________________________________。

（5）两点透视：________________________________。

2. 简答题

（1）色彩三要素包括哪些？

（2）色彩的对比包括哪些？

3. 抄绘训练题

（1）抄绘图2-9，训练线条的基本变化。

（2）抄绘图2-17，训练一点透视作图方法。

（3）抄绘图2-19，训练两点透视作图方法。

（4）利用彩色铅笔和马克笔，抄绘图2-3和图2-4，训练彩色铅笔和马克笔的基本用笔方法。

二、答案

项目三　设计构思与草图表现

项目描述

理解园林手绘表现技法设计构思与草图的分类及设计表达；掌握构思草图的基本作用、相关特性和绘制方法。

学习目标

1. 熟悉构思草图的类型。
2. 了解各类型的作用及意义。
3. 掌握构思草图的方法。

参考学时

4 学时，包括讲解与演示。

地点及条件

多媒体教室或理实一体化绘图室。

任务 1 构思草图的分类

园林设计构思与草图表达，是园林景观设计师表达自己设计思路和意图的方式。手绘草图是设计师必备的基本素质，是表达设计构思、草图方案的最直接工具。在创意阶段，设计师利用草图可以直接抓住构思时的灵感，而设计创意本身就是大胆地去构想和创造，这也是设计创作的源泉。

在设计师进行设计创作的时候，往往会用不同类别的草图来进行最直接、最快速的想法表达，这些草图根据设计师想要表达的想法和逻辑进行最简洁的即时表现，它们的功能、特点、效果等各有侧重。一般而言，我们将构思草图分为设计概念草图、解释性草图、结构草图和效果式草图。

3.1.1　设计概念草图

设计概念草图是指设计初始阶段的设计思维的创意表达意向和图文并茂的记录形式。园林景观的设计概念草图的雏形表达是快速生成设计集成理念的直观创作方式。在概念设计起初的思考空间里，用线条的多样形式的草图记录并推敲与分析设计思路过程的原始意向。

设计概念草图一般需要体现的是方案的基本立意、功能分区和大致的景观节点位置。在草图上可以用文字或相应的标记简写来说明区域的名称。设计概念草图一般都是设计人员内部交流的手绘稿，不具有最后成果表现的特性，所以线条可以不拘一格，风格也可以因人而异，如图 3-1 所示。在实际的操作中，为了提高效率，一般设计概念草图常用基本的线条和几何平面组成。

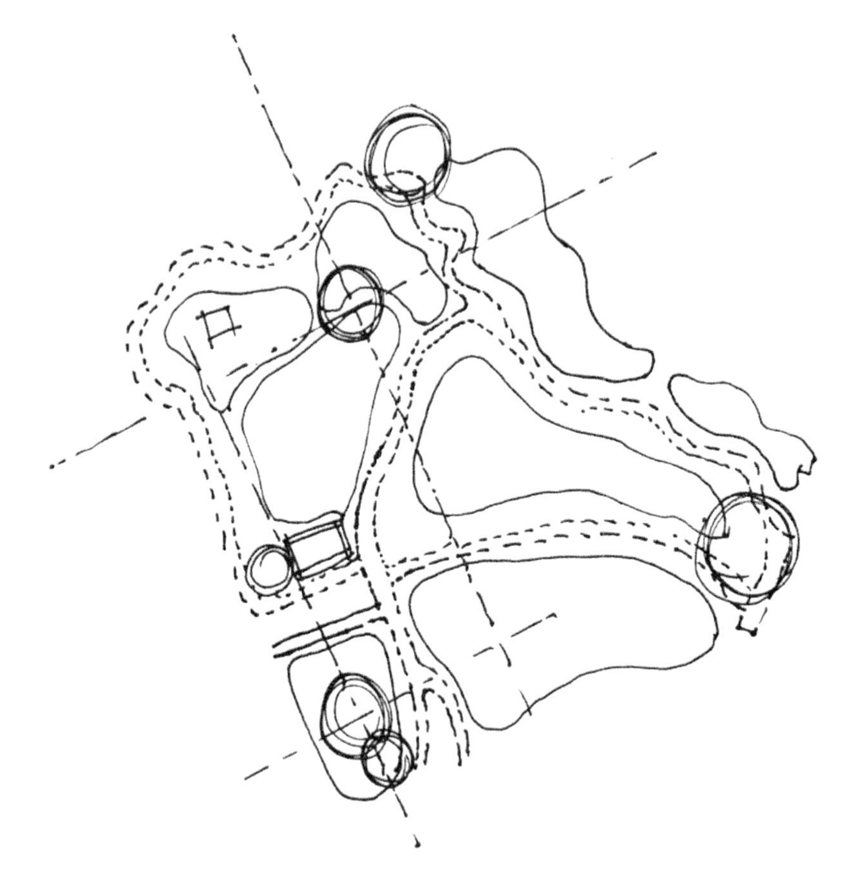

图 3-1 园林景观设计概念草图

3.1.2 解释性草图

解释性草图是设计师与客户之间对概念草图思路过程的分析解读和初步构思的交流界面。园林景观的解释性草图是考究主题的明确与表达形式的清晰化，也是设计师表达思维方式与思想意境的一种基本方法，如图 3-2 所示。

3.1.3 结构草图

结构草图顾名思义，就是以表现结构关系为目的的草图。结构草图在设计理念上注重园林景观规划的几何形式和构图美学原则，强调在功能分区和交通流线的概括处理过程中表现对主题主次的突出，如图 3-3 和图 3-4 所示。在表现形式上则常用点、线、形、体量结合的形式侧重功能布局和组团相互间的关系。

3.1.4 效果式草图

效果式草图是在设计草图的概念、诠释和结构表达基础上所呈现的设计意念和视觉艺术效果，这也是草图反复斟酌和完成必经的重要环节。学生在绘制效果式草图时需注重草图构思的空间尺度、主题环境和渲染气氛，如图 3-5 ~ 图 3-8 所示。

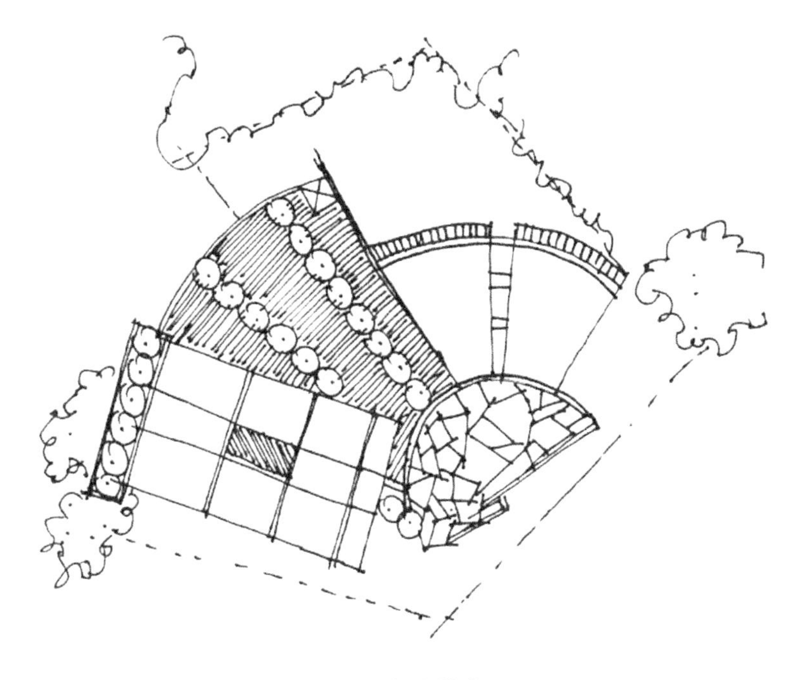

图 3-2　解释性草图

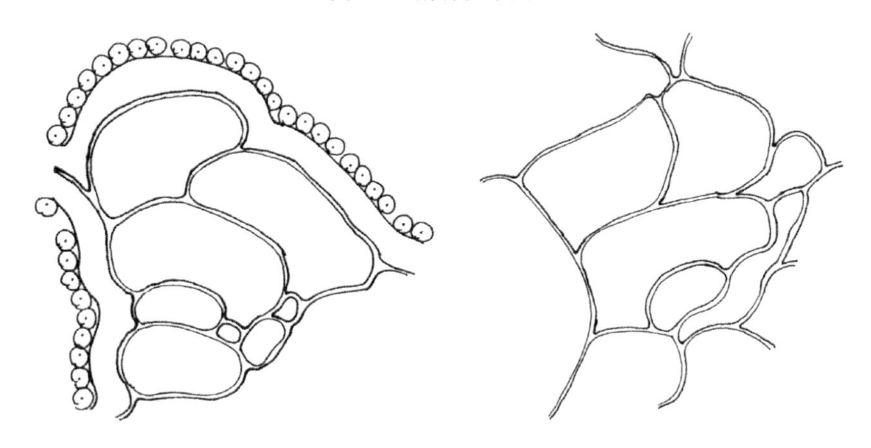

图 3-3　结构草图的表达

图 3-4　空间场景结构草图

图 3-5　效果式草图的庭院景观表现

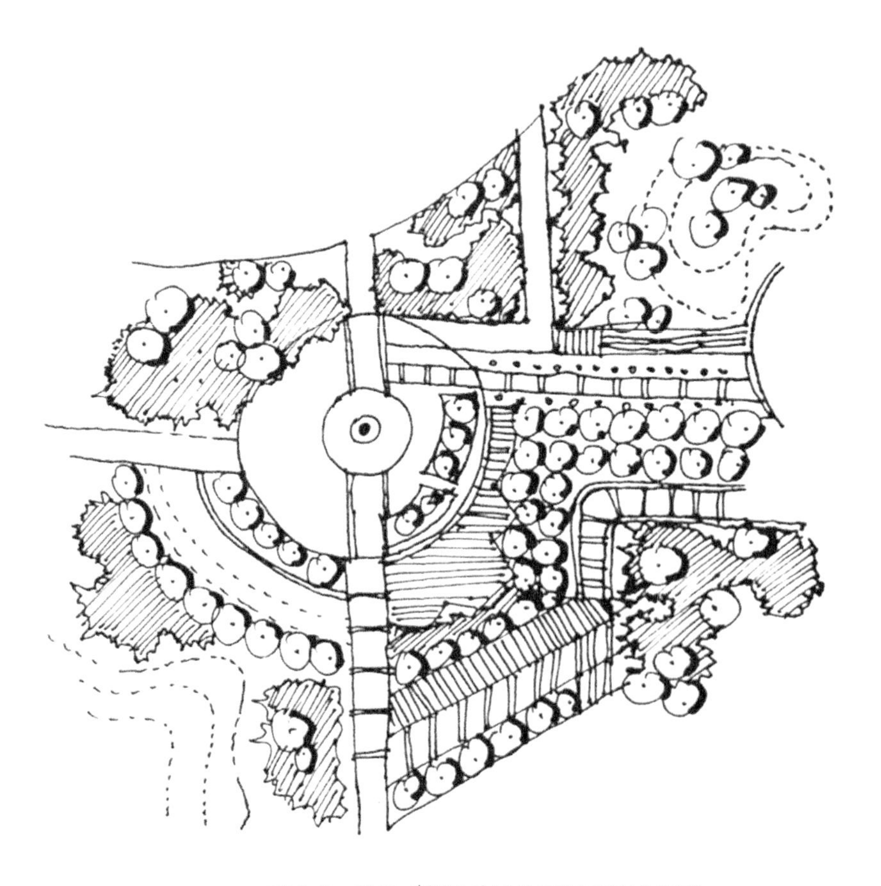

图 3-6　效果式草图的居住区景观概念表现

图 3-7 效果式草图的中庭景观空间表现

图 3-8 效果式草图的空间效果表现

任务 2 构思草图的作用

构思草图在整个项目设计流程中占着极为重要的作用，我们常看到很多设计事务所的总设计师们，他们虽然最后的成果表现是计算机绘图，但是在整个设计思考和推理过程中，基本都以构思草图为主，一张张构思草图就像设计师的一个个记忆片段，记录当时对于方案的所想所感。可以说，构思草图是一个记录设计师想法、并且帮助设计师进行推理设计的重要媒介。没有构思草图的绘制过程，设计也无从谈起。具体说来，构思草图对整个项目设计有以下三个作用。

1. 记录设计思路

设计师的很多想法在初期会显得较为碎片，并且都是稍纵即逝，设计师必须通过边想边画的方法来构思草图。该方法在实际运用中也会显得稍微琐碎繁杂，但长远看，这些构思草图会经过筛选优化，成为最终的方案。所以这些记录当时设计思路的构思草图是设计师宝贵的灵感来源。

2. 交流沟通的媒介

构思草图对于设计师来说，是最好的表达语言。设计师在和客户沟通时，很多时候并不只依靠文字的表述，而是依靠草图完成。这些草图可能是设计师与客户沟通时边交流边绘制，也有可能是设计师提前绘制好。但是无论如何，他人在读取设计师的想法和设计意图时，基本都以草图为准。构思草图在其中便充当了有效的交流媒介。

3. 帮助明晰设计方案

设计师独自思考时，会将一些设计的想法绘制在草图上，这种构思草图由浅入深，由整体到局部。中间的一些设计会不断地修改，草图也处于动态变化中，此时每一张构思草图都是在帮助设计师明晰整个设计方案。在园林景观设计中，许多空间关系必须绘制在图面上才能进行判断和推导，设计师根据图面上的表达来进行方案的修改，为最终的方案定型打下基础。

任务3 构思草图的特性

构思草图作为一种设计工作方式，是视觉和大脑在方案创造过程中的参与载体。它是一种独立的造型语言，在前期的设计思维立意中可以快速、准确、真实地说明设计本意，并能够重点把握草图的结构比例和形成设计分析的形象记忆模式。

构思草图具备简练自由、快捷概括的特性，是迅速勾勒和表达设计对象的一种设计语汇，也是艺术家和设计师表达情感，追求设计理念、艺术呈现效果，收集创作素材和记录，推敲构思草图最为直接有效的方法。

练习

一、习题

1. 名词解释

（1）设计概念草图：________________________________。

（2）解释性草图：________________________________。

（3）结构草图：________________________________。

（4）效果式草图：________________________________。

2. 简答题

（1）构思草图的作用有哪些?

（2）构思草图的特性有哪些?

二、答案

项目四　平面图、立面图、剖面图及分析图表现

项目描述

通过本项目的学习，掌握手绘表现技法平面图、立面图、剖面图的种类、表现技法以及手绘步骤；掌握线稿的绘制及着色步骤等相关基础知识。

学习目标

1. 了解平面图、立面图、剖面图的种类。
2. 掌握平面图、立面图、剖面图的表现技法。
3. 熟悉平面图、立面图、剖面图的绘图步骤。
4. 掌握线稿的绘制及着色步骤。

参考学时

12 学时，包括讲解与演示。

地点及条件

多媒体教室或理实一体化绘图室。

任务1 平面图表现

在实际园林设计项目中，平面图指项目整体或其中局部的平面视图。平面图就是将在园林设计中基地上的各种物体元素的信息位置和大小按照正投影的原理，绘制和标示在图面上，标示物体的尺寸、形状、位置关系；这些物体可以是建筑、树木、道路、水体等。在设计过程中，设计者需要绘制完整的图面让阅者最有效地了解整个设计构架。要表达设计者对各个设计的明确标示，只有平面图才是最有效、最方便的沟通图示。所以，平面图的表现对于方案理念的传达起到了核心的作用。在平面图的绘制中，主要的任务是明确全部空间关系和方案思路表达情况。在此基础上，便可以进行适当的着色，同时保持清晰、美观大方的基本要素。

4.1.1　植物平面表现

植物平面表现有很多不同的方式，依据实际情况，可以选择利用模板工具或徒手表现。从植物数量的层面区分，可将植物平面分为单体植物平面和组合植物平面。

1. 单体植物平面

单体植物平面由于植物种类的不同而内容丰富繁杂，设计师可依据实际情况进行取舍。园林植物的平面图主要由树冠和树干平面投影来决定，依据实际表现技法的不同，一般情况下园林植物的平面分为四类，分别是轮廓型植物平面、分枝型植物平面、枝叶型植物平面和质感型植物平面，如图 4-1 和图 4-2 所示。

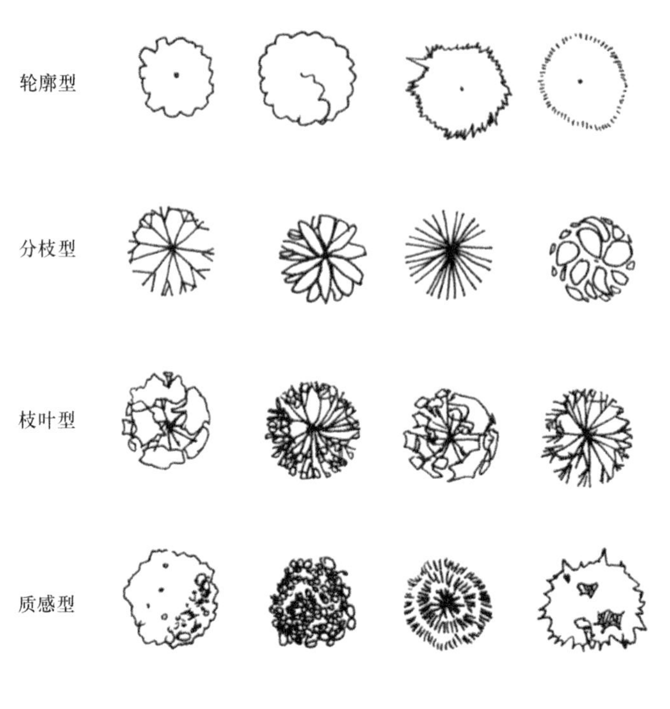

图 4-1　单体植物平面绘制的四种基本方式

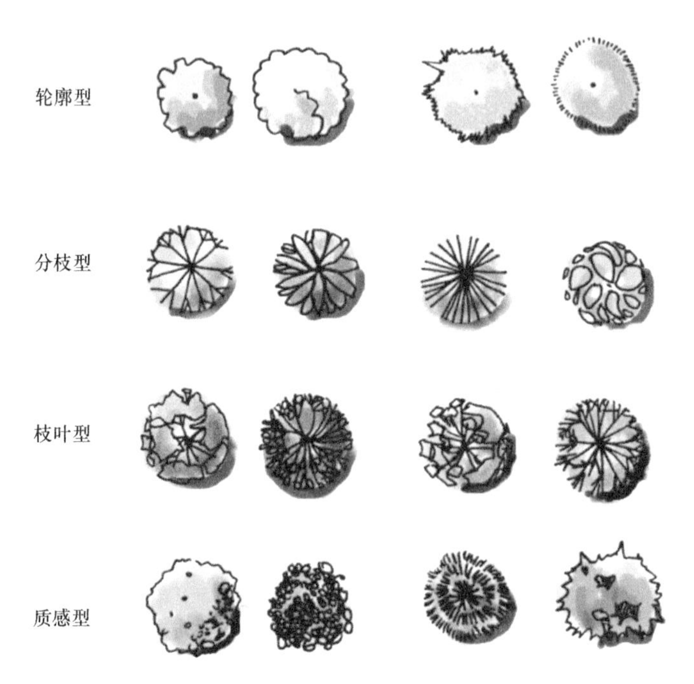

图 4-2　单体植物平面图例上色效果

（1）轮廓型植物平面。该类表现技法主要是用笔勾勒植物的外部轮廓，形式简洁，快速便捷。一般是确定种植点，绘制树木平面投影，轮廓可为圆形，也可带有凹缺。而主要采取的简化方式就是勾勒轮廓。

（2）分枝型植物平面。分枝型是将树木的树枝也刻画出来，并从中心放射，依次用线向外围勾勒树

枝的形状。一般此类植物平面画法可以明显看到密度的变化，并向外呈现放射状。

（3）枝叶型植物平面。树干和枝条的平面投影都画出，枝干用粗细不同的线条表现。此类表现技法需要体现的是枝叶的疏密关系，并取消抽象的几何轮廓。

（4）质感型植物平面。质感型植物平面主要集中在树木肌理感觉的写实模拟中，笔触的表现有排线、点面结合等方式，主要目的是模拟出树木的质感与纹路。

单体植物的树种绘画技法需要园林设计师拥有一定的植物树种的知识储备，并根据不同的树种特点来刻画不同的植物平面。依据树种对应的单体植物平面图例库，要求园林设计师按图例库中的平面形态进行绘制。

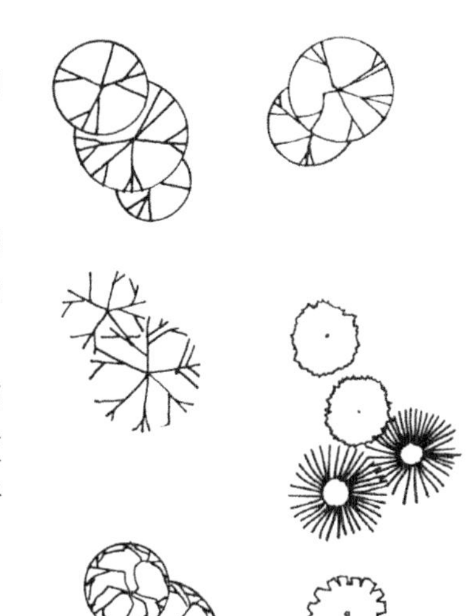

图 4-3　在丛植中可刻画部分细节

2. 组合植物平面

组合植物平面指的是对丛植或植物群落的顶视图进行刻画的表达呈现。组合植物平面按刻画每种树木细节的程度，表现会有不同。若是植物数量较少，可以对每种植物进行细节的一些刻画，反之则可以进行统一的刻画，细节可略去，如图 4-3 和图 4-4 所示。

图 4-4　灌木丛、树丛平面绘制图例

组合植物平面着色需要对乔灌木等不同属性的植物进行区分，首先需要对植物轮廓进行刻画，并且可以叠加阴影。对植物描绘采用平涂的方式，对于重点刻画的植物平面需用特殊的颜色标出，并依次进行阴影的立体刻画，在加深植物暗部的同时，形成色调的强烈对比，增加植物色彩层次的丰富度，如图 4-5 ~ 图 4-8 所示。

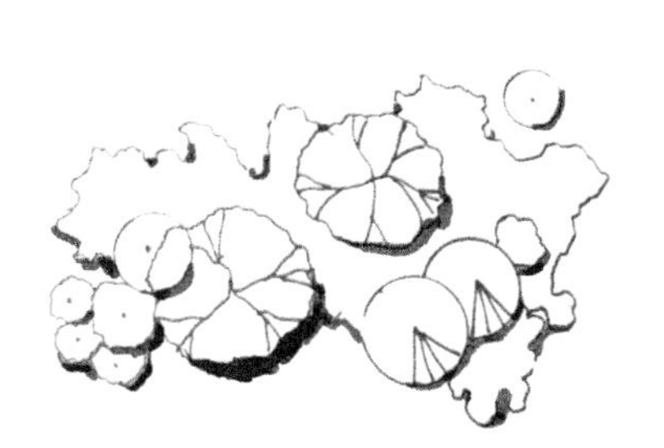

图 4-5　描绘基本的植物轮廓

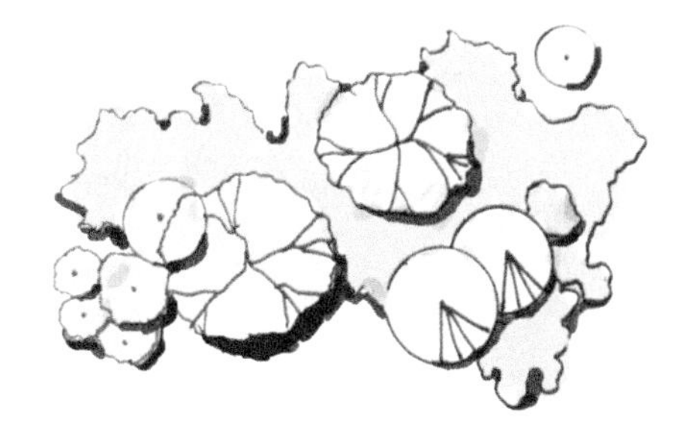

图 4-6　铺上背景颜色，区分不同的植物群体

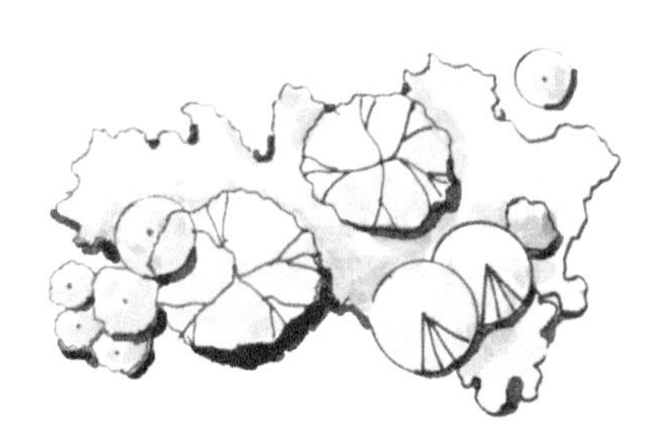

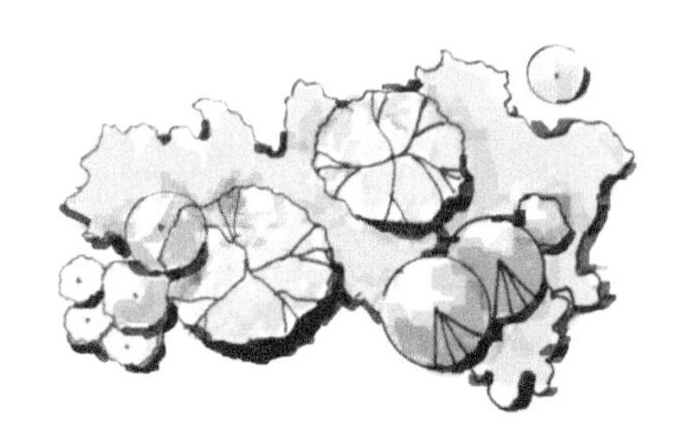

图 4-7　对每个植物进行重色的加强，突出立体

图 4-8　继续深化，完全全图

4.1.2　园林景观综合平面图表现

园林景观的综合平面图内容包括园林景观的整体空间布局、场地的功能分区、场地结构的分析、道路交通、景观节点等设计要素。景观平面图的手绘方式主要遵循先画大体结构、再刻画局部细节的步骤。

园林景观综合平面图的绘制有以下几个步骤：

首先对整个景观的设计方案进行草图构思，其次设计师对整个设计方案的细节进行深化，并且对整个方案进行植物搭配和设置，随后设计师需要对整个设计方案进行硬质润色，最后再对方案植物进行润色，如图 4-9 ~ 图 4-14 所示。

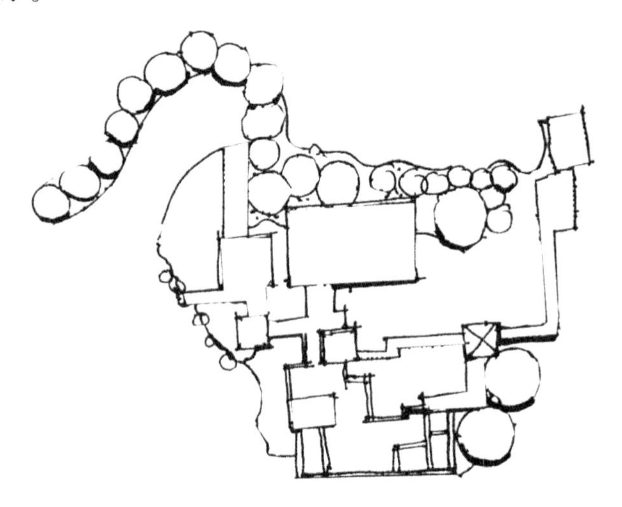

图 4-9　首先勾画出大体的建筑位置、水景范围和植物布置意向

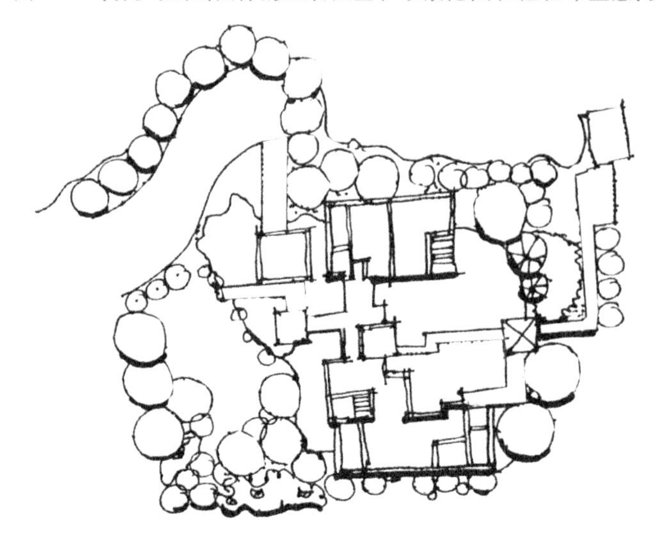

图 4-10　其次丰富景观要素细节，完成整体轮廓

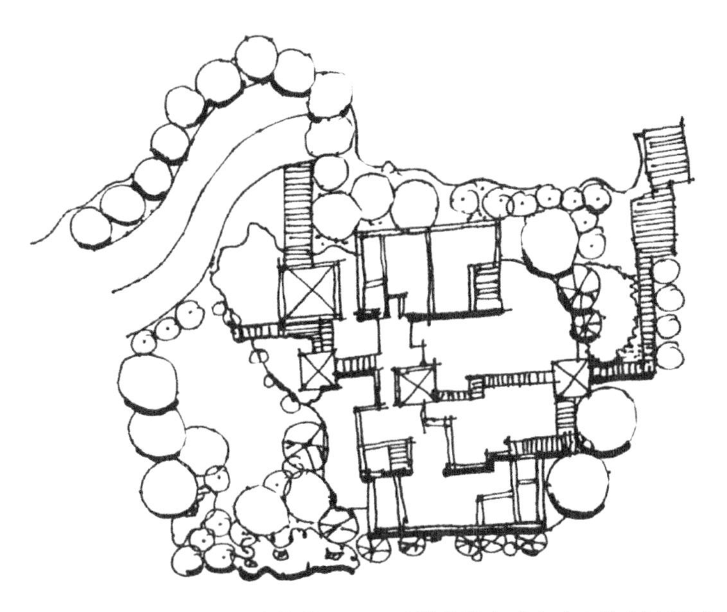

图 4-11　在确定黑白线稿的基础上，以排线等方式丰富主体刻画质感

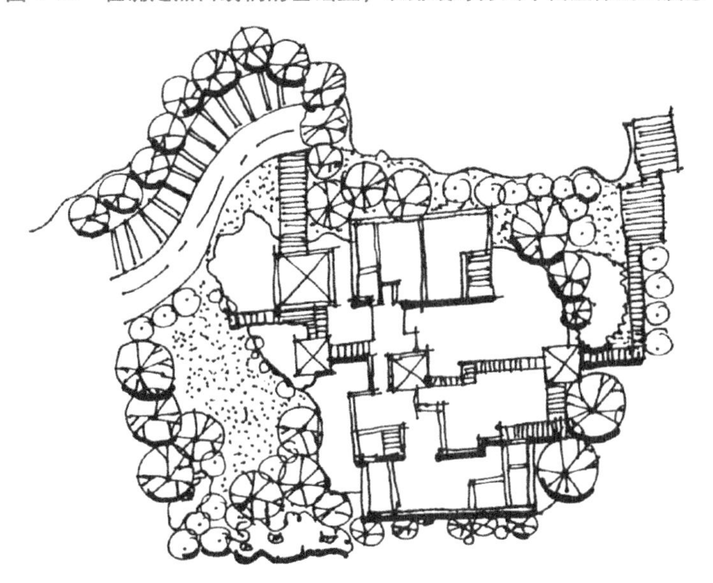

图 4-12　平面辅助物的刻画，完成全稿

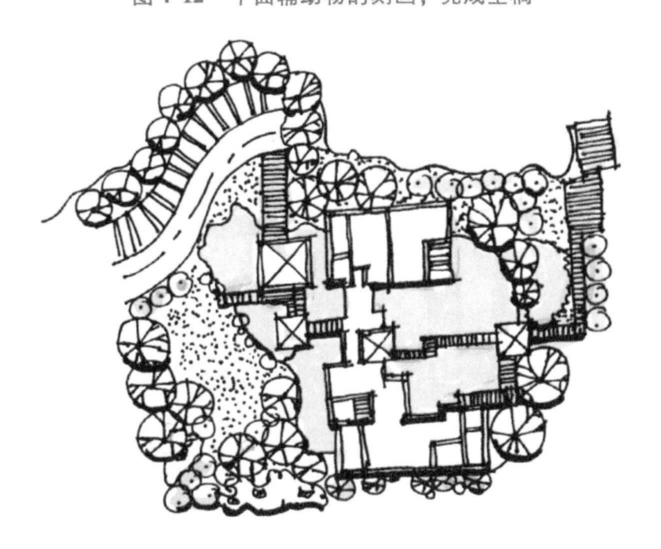

图 4-13　上色突出画面占主体空间的水面

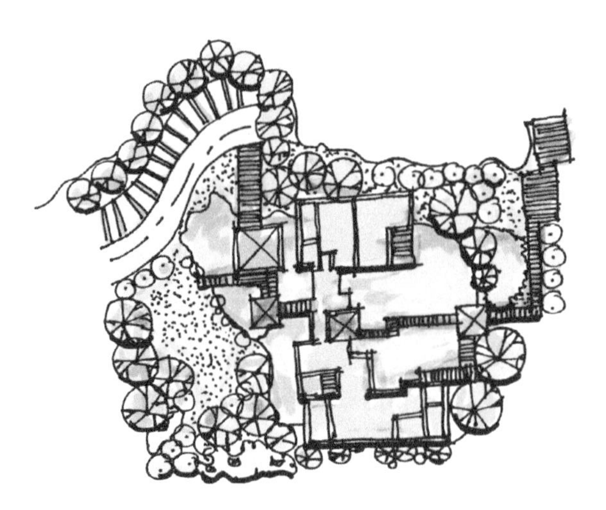

图 4-14　跟上其他物体的描绘和刻画，完成全图

在完成平面图的线稿以后，可以根据实际情况选择是否对平面布局进行色调的深入描绘。如果以上述黑白线稿为阶段表现终稿，则可用线条的方式表达质感；如果确定继续用色彩表达，则需要空出一定的空间来进行上色。一定要遵循先刻画主体再刻画辅助物的顺序，因为二者的明暗和色彩关系是相对的，辅助背景的色彩程度要依据刻画主体的属性来完成，不能孤立进行，如图 4-15 ~ 图 4-17 所示。

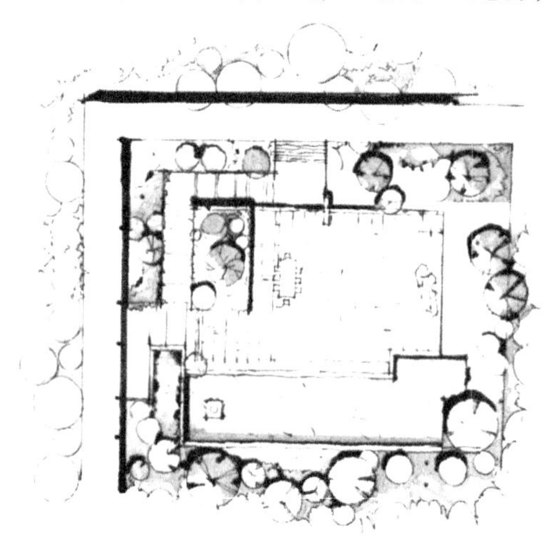

图 4-15　用基本的线条确定轮廓即可，不需要用排线等方式表达质感，为上色留取空间，采用淡色或者灰黑色铺出阴影

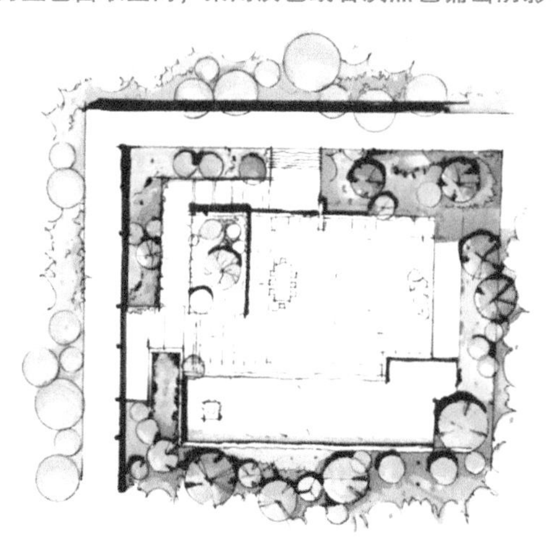

图 4-16　由于景观平面中的绿色植被较多，可先描绘周边的背景绿色

依照不同的项目场地特征，景观综合平面图分为广场平面图、庭院平面图、屋顶花园平面图、居住区平面图、公园平面图和校园平面图六种形式。

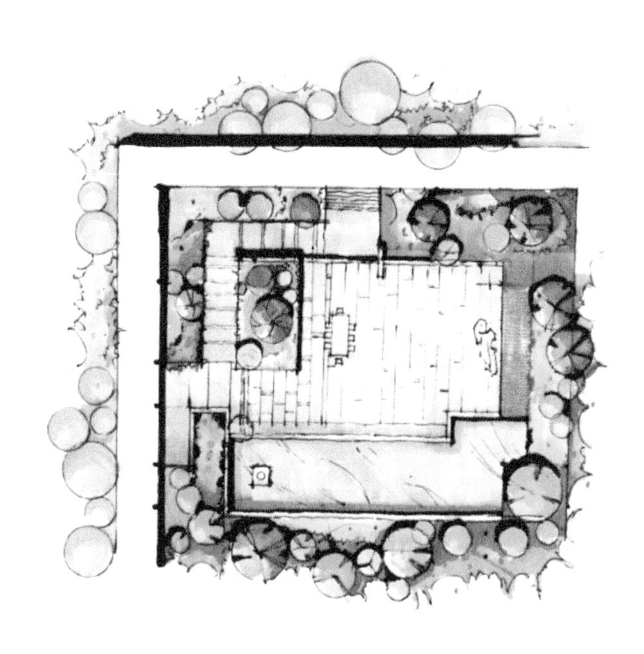

图 4-17　用其余颜色刻画阴影面和硬景质感，丰富图面以至于最后完成色稿

1. 广场平面图

城市广场的结构一般都为开敞式，在广场整体结构规划中要划分出公共空间和相对私密空间、主要空间和从属空间等不同使用空间多样性的结构层次，这些丰富的空间层次需要使用尺度、围合程度、地面质地等手法来进行划分。

在广场景观中，硬质铺装图案比较复杂，需要加以区分，并且用不同图案的平面表达方式来进行功能区区隔。一般而言，广场中间的节点区域需要用地域文化的装饰性图案加以描绘，色彩也较为丰富。而交通路线的铺装中则需要与景观绿地注意区分，并进行材质描绘，如图 4-18 ~ 图 4-20 所示。在描绘过程中可以用不同方向的排线、阴影结构来丰富画面，让整个方案更加立体完善。

图 4-18　线稿完成后，加深景观各个节点的阴影，拉开明暗关系

图 4-19　将不同的植物颜色铺上，并用不同的颜色区分不同的植物物种

图 4-20　重点刻画不同硬质铺装的质感，完成园林广场平面规划效果

2. 庭院平面图

传统的庭院构成样式是四周围合的一个相对私密的半开敞空间，尺度的大小由所属建筑或建筑群落的空间属性或功能决定。庭院在中国古代文献中被理解为院落空间。庭院是以简洁宁静的步行道、汀步为主，配合亲水性景观要素供人们欣赏和探究的趣味感场所，如图 4-21 ~ 图 4-23 所示。依据庭院的面积、交通流线的占用空间大小，可以在绘制过程中加以硬质素材的铺设和描绘。

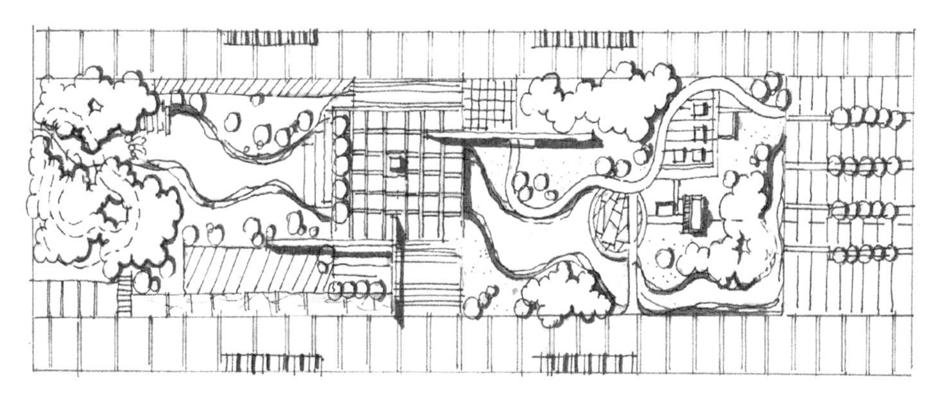

图 4-21 完成线稿后，将植物和水体之间的明暗关系先拉开

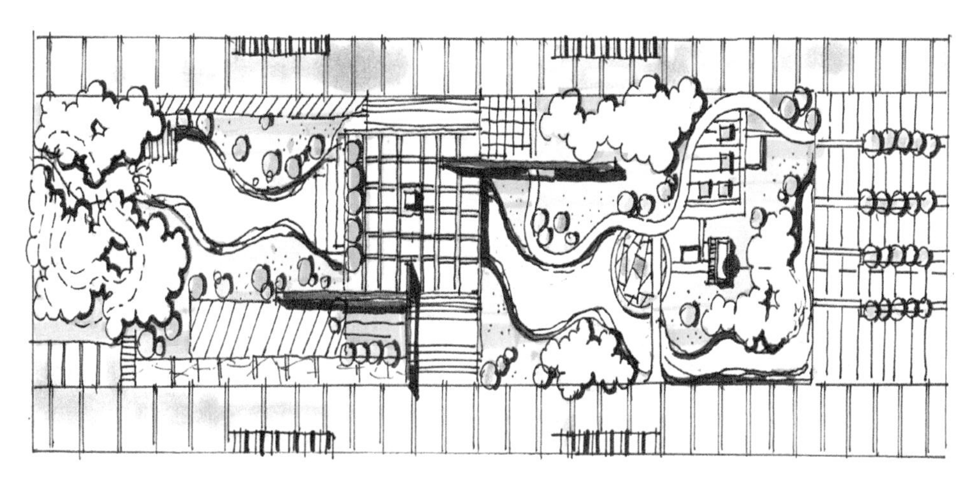

图 4-22 将大体的区域进行颜色分隔，如草坪区域和硬质区域

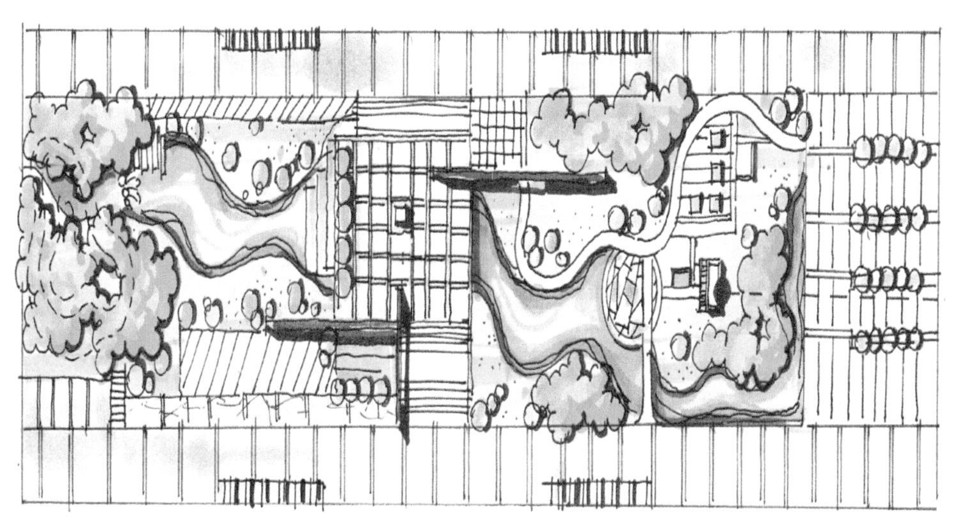

图 4-23 刻画植物和公共设施的色彩细节，完成全稿

3. 屋顶花园平面图

屋顶花园指的是在各类建筑物、建筑构筑物体或者是桥梁顶部的屋顶、天台、阳台或是大型的假山上的造园筑造以及形成园林小品的绿地。

屋顶花园因其自身特性需注重小桥流水的写意感，一般分为动静两区。在静区，可以用不同树种的植物进行组合，并且用统一色调进行描绘；在动区运用小尺度的硬质铺装进行步行通道的铺设。进行屋顶花园平面图手绘时，要重点注意绿化植物的配置和润色，突出植物造景的重要性，如图 4-24 ~ 图 4-26 所示。

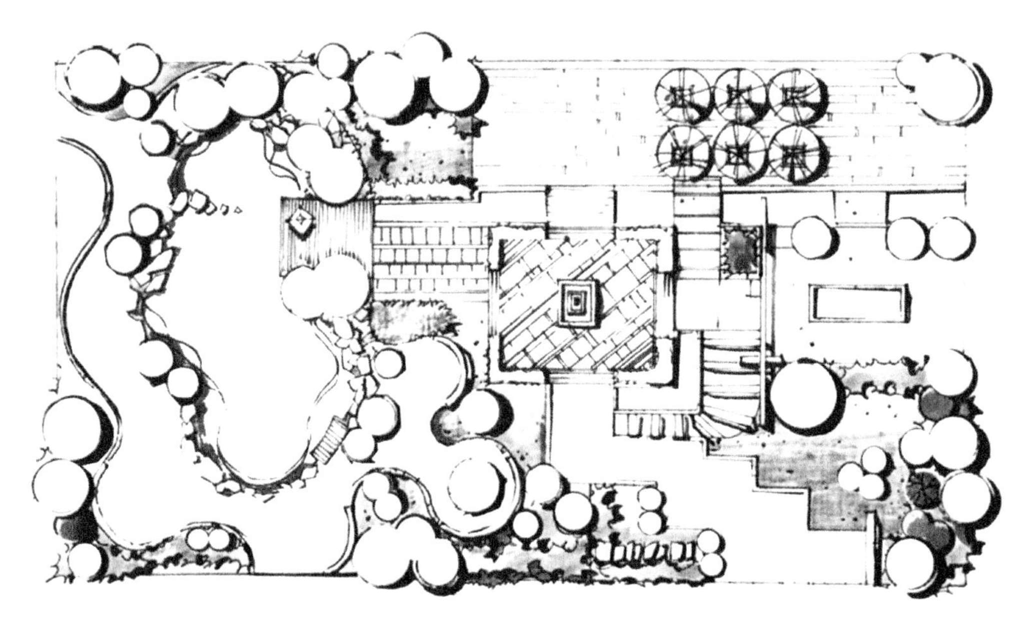

图 4-24　完成线稿后，先拉开突出植物的阴影

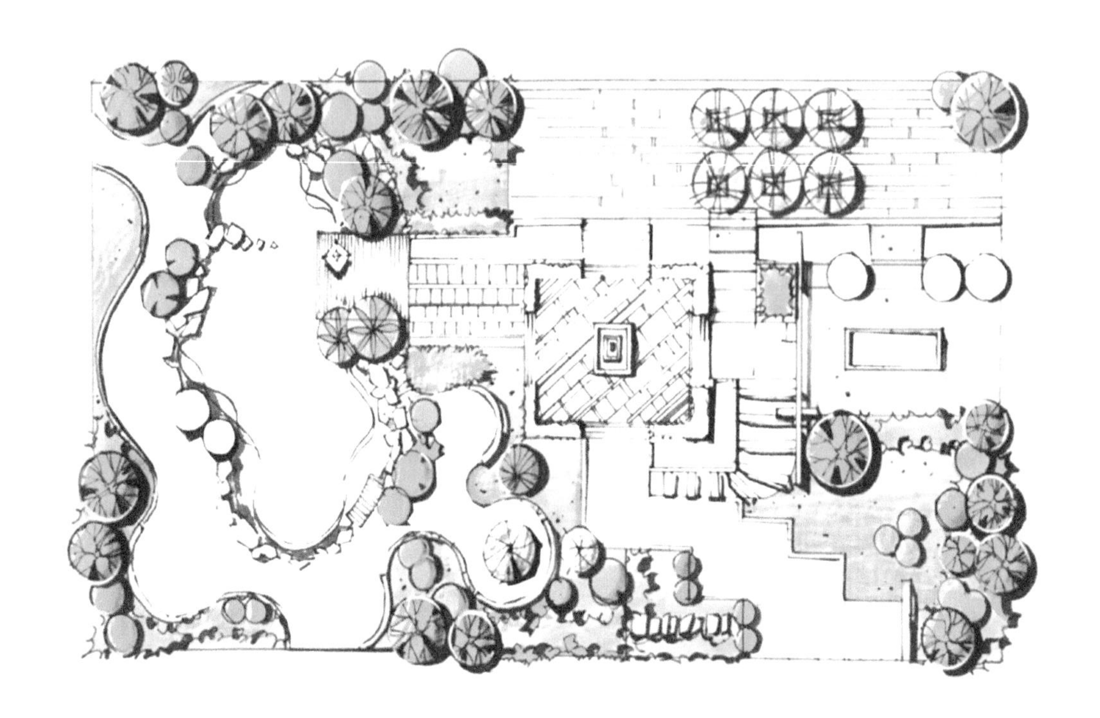

图 4-25　上色，重点刻画植物的质感

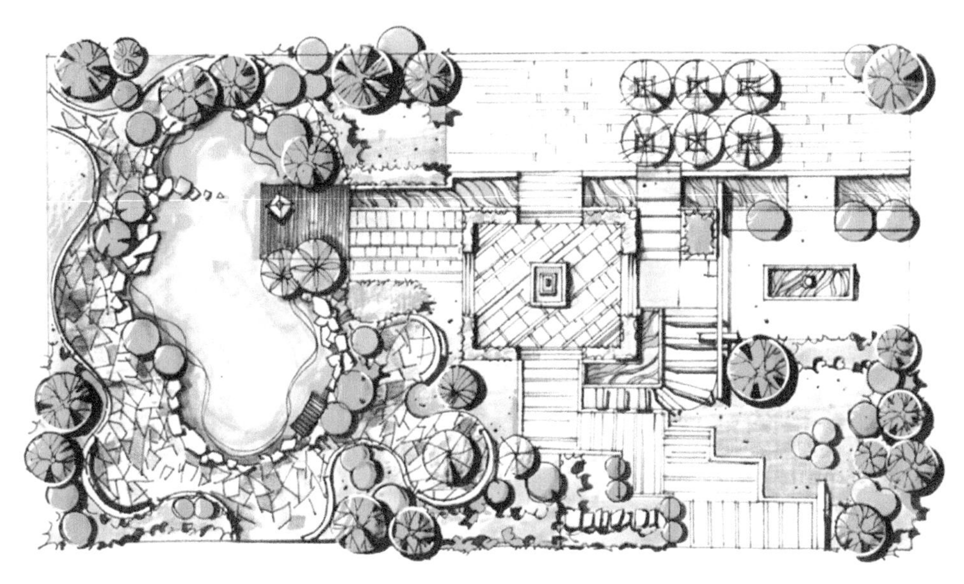

图 4-26　最后刻画水景和硬地铺装，完成全稿

4. 居住区平面图

居住区景观设计不仅是小区功能、道路系统的规划设计，也是现代居住区的景观空间的规划。在居住区建筑群落里，让居民可以进行各种动静各异的休息、沟通、娱乐、锻炼等户外活动；而且在居住区场所中，居民停留的时间长短不一、行为多样，所以居住区景观空间应具有多功能性、空间多维性、空间兼容性、生态与人文的多义性等诸多场所特性。

居住区平面图刻画首先需要注意的是要保证基本的功能区域清晰，道路要一目了然，在此基础上进行一定的细部刻画。如在儿童活动区，可以用一些色彩较为鲜艳的颜色进行描绘。同时需要注意的是，由于居住区的功能区多，平面图刻画要有实有虚，需要做到有的放矢，在一些大草坪等开阔视野的区域可以用浅色一笔带过，在重点的活动区则需要进行硬笔排线或多色彩描绘，如图 4-27 ~ 图 4-29 所示。

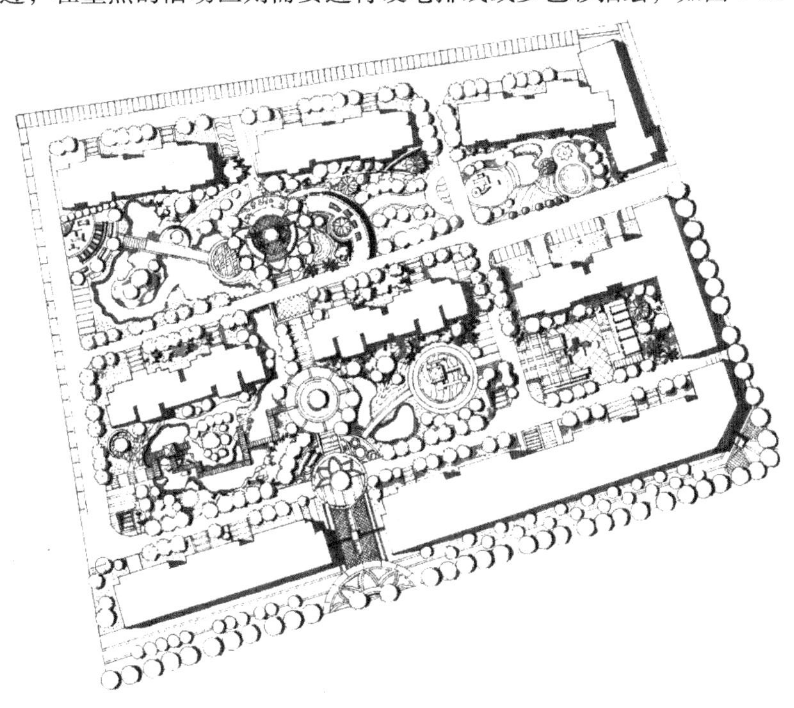

图 4-27　由于居住区有大量的建筑体块，线稿须刻画阴影层次部分

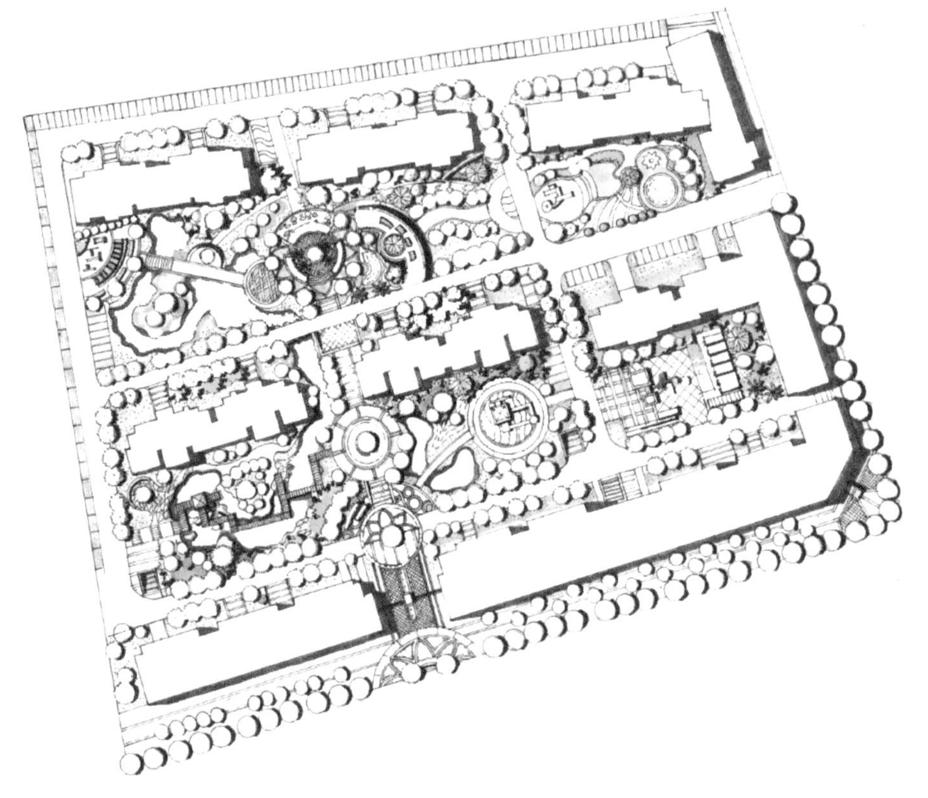

图 4-28　刻画绿色植被和一些重点的植物群落景观

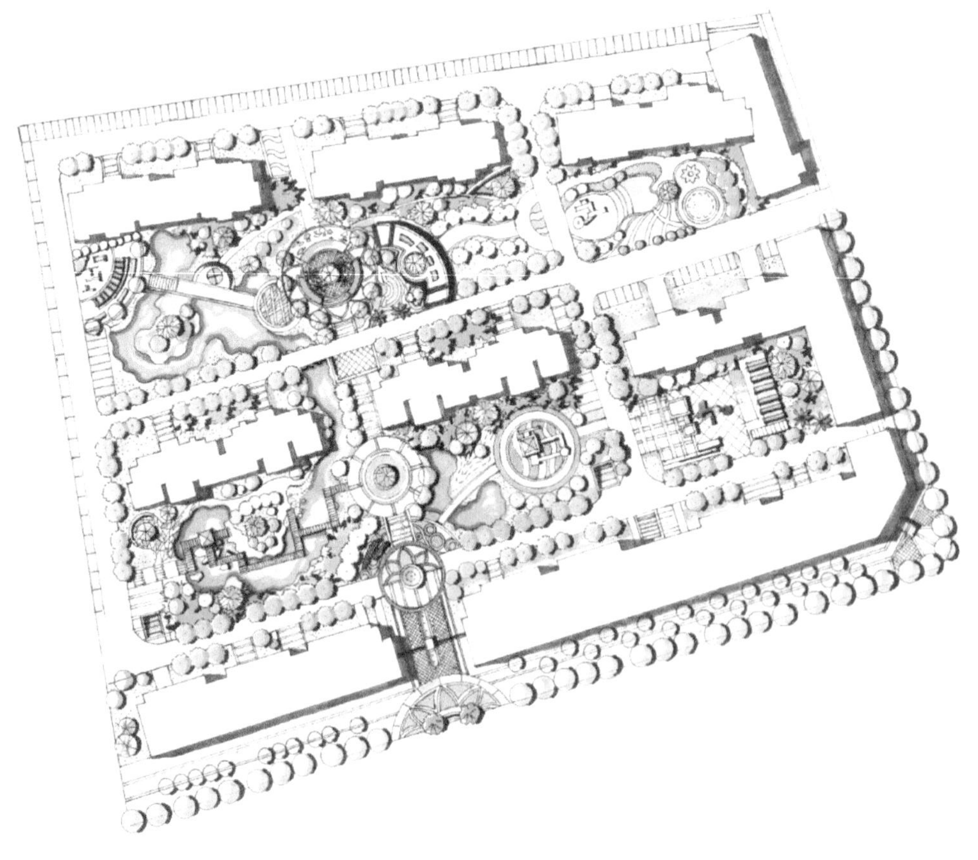

图 4-29　完成剩余水景、景观小品的细节，完成全稿

5. 公园平面图

城市公园是城市主要的公共开放空间，是为城市居民提供主要休闲游憩使用功能的场所，也是城市的基础绿色设施，同时也是城市及市民文化传播的空间和场所。

公园的绿地面积大、植物茂密，在表达的时候需要注意有的放矢。大量的树林不需要刻画质感，而主要是把阴影面积和主要物体的层次感拉开。需注意将乔木、灌木和草坪用由深到浅的绿色拉开。一般乔木用连体的曲线刻画，灌木可以用圆形刻画，草坪直接用区域区隔铺以浅层的绿色，如图 4-30 ~ 图 4-32所示。

图 4-30　大片的树木群落需要阴影先提前刻画好，为后面的上色做准备

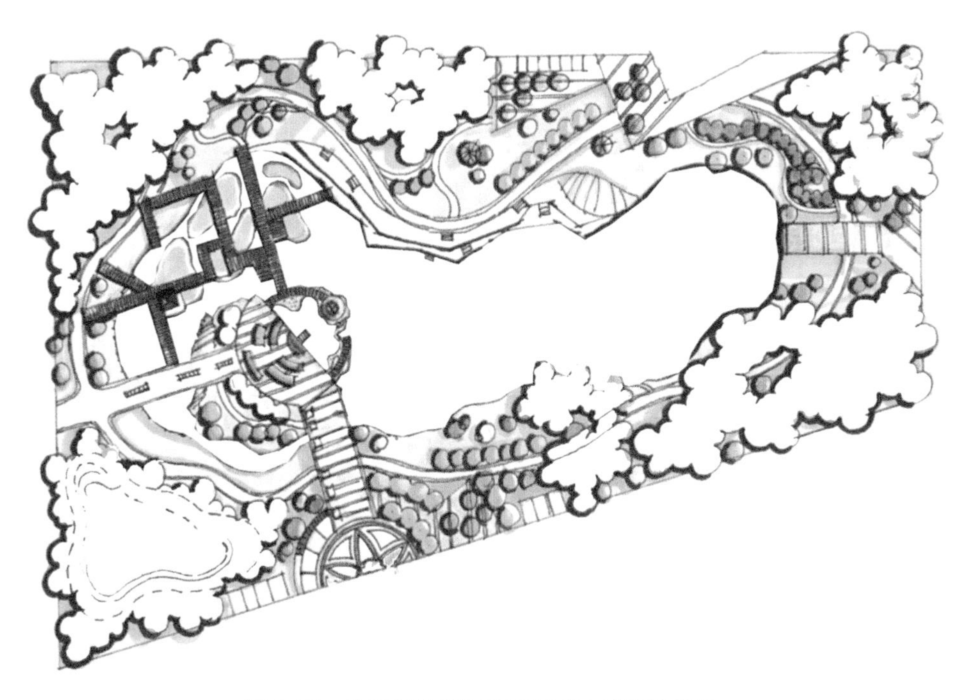

图 4-31　完成植物平面的刻画和木栈道的描绘

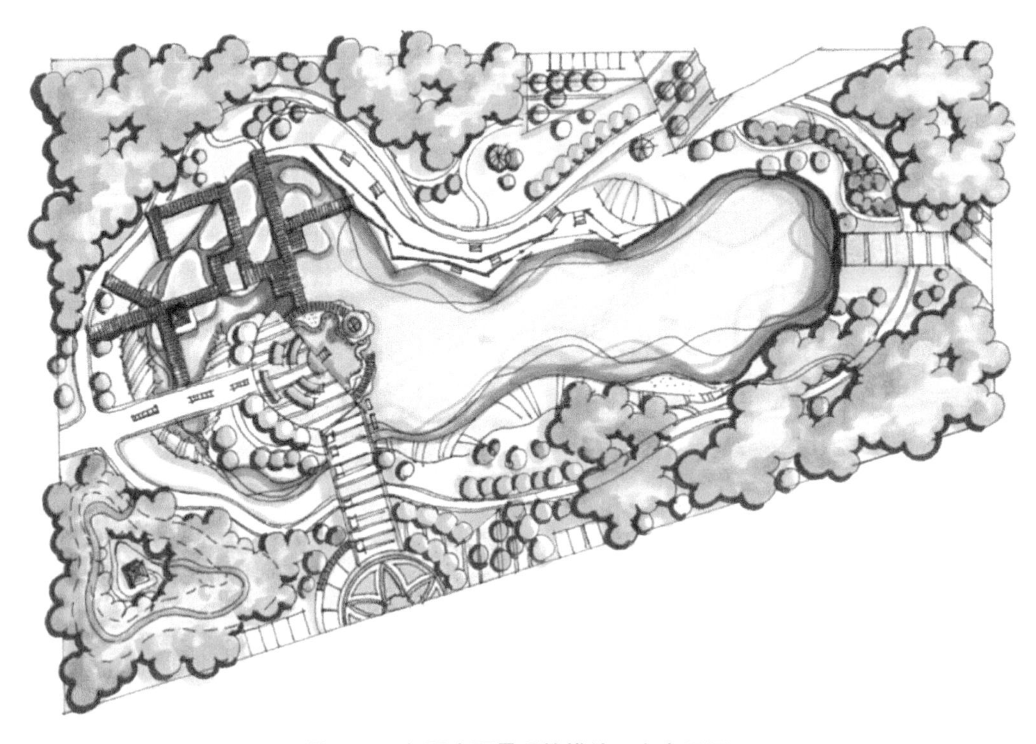

图 4-32　加强水面景观的描绘，丰富画面

6. 校园平面图

校园景观设计需要注意校园的环境形象。校园具有人文历史传承的特性，是一个传授知识的文化场所，应该具有庄重、朴素、自然的场所特征。校园的景观环境较为轻松活泼，所以多半空间场所的色调较为明亮，且多以暖色调为主，如图 4-33 ~ 图 4-35 图所示。植物的排列需要整齐有序，在部分中庭小花园的空间可以适当错位。

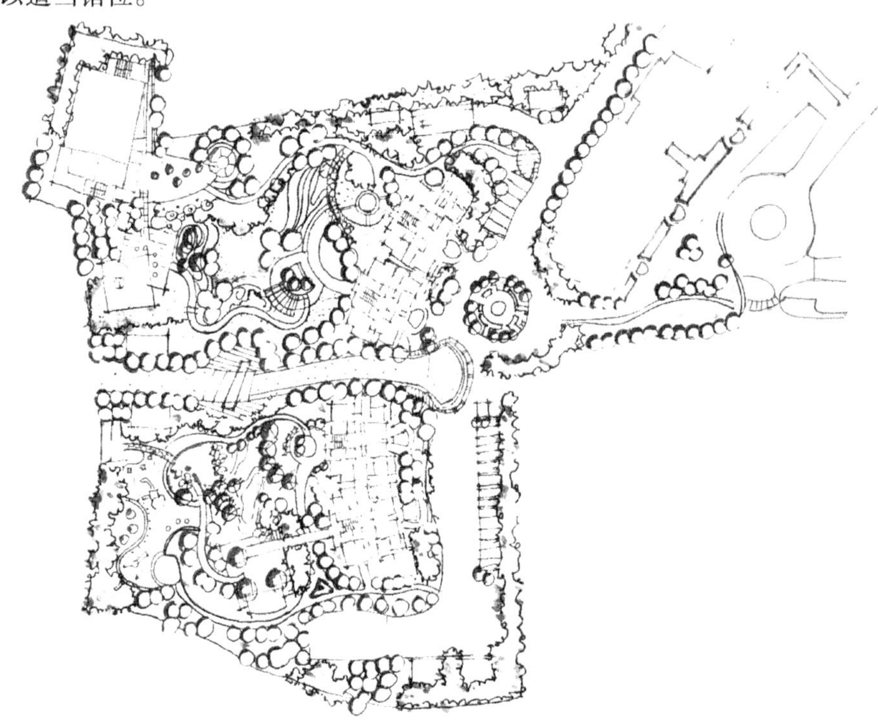

图 4-33　线稿完成后，先加强植物与路面之间的层次感

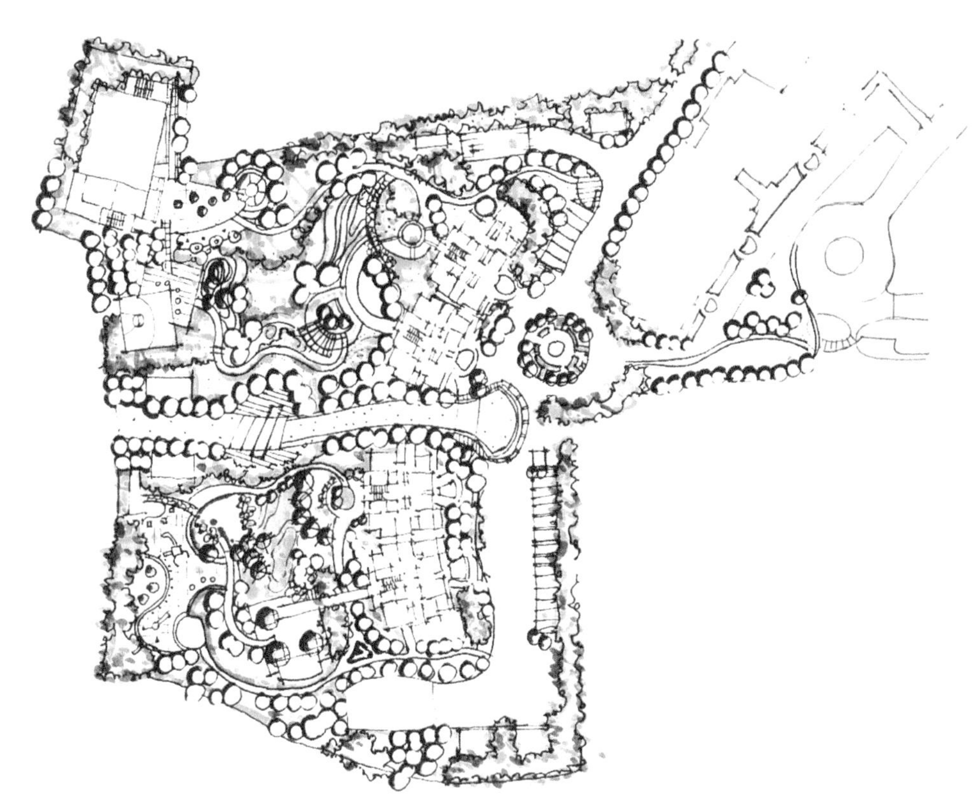

图 4-34 绿色大面积地铺开，先把主要的绿地环境建立起来

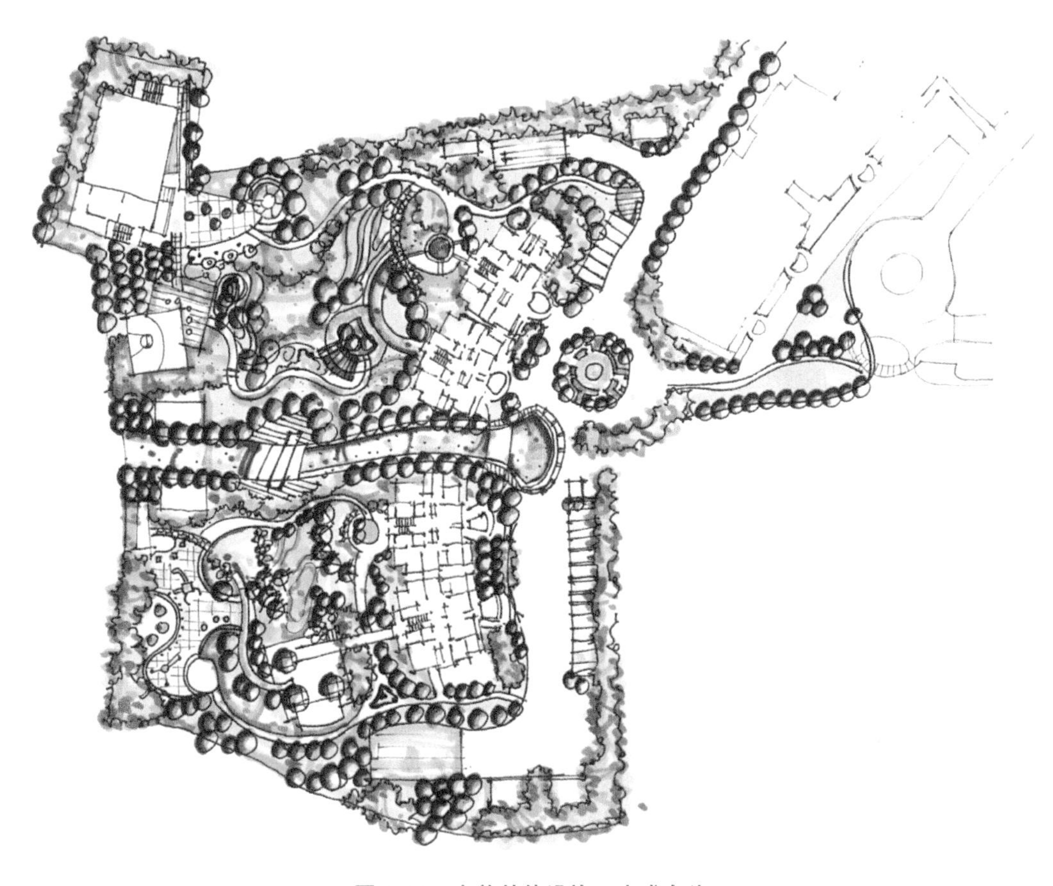

图 4-35 完善其他设施，完成全稿

任务2 立面图与剖面图表现

园林景观设计手绘通常需要立面图、剖面图来进行扩初深化设计方案。立面图主要表现出景观设计的立面形态和立面层次的变化构造。剖面图能够进一步表现出景观设计的结构形式、景物位置关系、景观造型尺度、断面的轮廓、内部的空间关系、分层状态等详细的设计细节，这样可以为后期施工图提供重要依据。

4.2.1 水体景观立面图与剖面图

水景的立面与剖面图需要注意的是水景设施的层次性和结构性，这方面涉及施工概念的成型。在刻画时需注意亲水岸边的高差和水上台阶的具体落地形式。为了清楚地表达比例，可以将概念人物配景一并刻画。对于喷泉则将高度描绘出来，使得图面能清楚地看到水景的作用范围和安全距离。水域两边的乔木和灌木群采用群落组团的方式进行描绘并加以层次感，如图4-36～图4-38所示。

图4-36 线稿先完成基本的空间关系

图4-37 铺大面积的植物底色和设施底色

图 4-38　加强树木立体感，完成全稿

4.2.2　景墙的立面图与剖面图

景墙在居住区或广场等景观的塑造中尤为重要，景墙功能主要起到划分内外空间、遮挡、装饰园景的作用，同时以其优美的造型、变化多样的组合形式，形成景观空间重要的构图形式。一般因其具体的功能分为实体景墙和空心景墙，包含和穿插跌水水景、植物造景等多功能的景观元素。如在景墙材质上可以进行必要的刻画，显示出材料的质感，如图 4-39 所示。景墙可以引导观赏者有序地观赏园林不同空间的景致，同时墙体可以开设各种形态的漏窗和门洞，增强园林空间的景观性、文化性和通透感。

图 4-39　中心广场景墙剖立面图

4.2.3　景观亭的立面图与剖面图

亭是用来点缀园林景观的一种景观小品。亭是园林景观的重要组成部分，在中国园林的景观意境构造中起到非常重要的作用。

景观亭一般是具有短暂提供休憩场所功能的空间，并且具有一定的视觉美化性。所以在表现方面不要太过复杂，做到简洁明了即可，如图 4-40 所示。需要注意的是，景观亭的高度以及坡面绘

制都要做到趋于精确，台阶也需要明确刻画出来，并表达清楚景观亭与周边环境和参照物之间的关系。

图 4-40　亲水平台景观亭区域剖立面图

4.2.4　庭院的立面图与剖面图

建筑物前后左右或被建筑物包围的场地通称为庭或庭院。庭院具有一定的私密性，所以在空间营造方面会重点描绘树木群落的围合，同时在立面图绘制中要体现不同高度和宽度的植物多样性、建筑标高及植物标高之间的关系。也可以刻画一些园艺设施，并丰富画面效果，如图 4-41 所示。

图 4-41　某居住区住宅庭院剖立面图

任务3 分析图表现

分析图不能凭空想象，必须要建立在平面图的基础上。分析图能够更清楚明白地让他人或者甲方看懂设计师的设计。在景观设计手绘表现中，分析图比较简单，一般3~5个，无须按照比例进行，只需要大致勾勒出设计的外轮廓以及主要线条，再在此基础上进行分析即可，如图4-42所示。常见的分析图有：功能分析图、道路系统分析图、景观节点分析图、视线分析图、植物分析图等。临摹中注意，没有实际比例，希望同学们能够结合经验自己把握，小尺度绿地通常的比例是1∶50和1∶100。

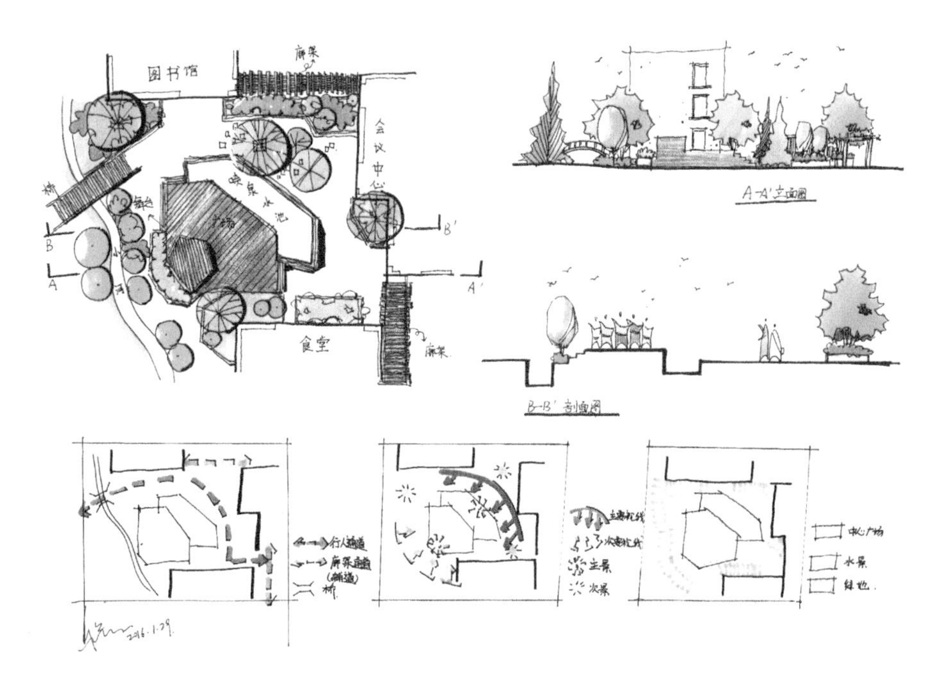

图4-42　景观分析图表现

练习

一、习题

1. 简答题

(1) 园林平面图绘制步骤有哪些?

(2) 剖面图的作用有哪些?

2. 抄绘训练题

(1) 抄绘图4-20，训练园林广场平面图的绘制。

(2) 抄绘图4-32，训练公园平面图的绘制。

(3) 抄绘图4-40，训练亲水平台剖立面图的绘制。

二、答案

项目五　园林常用景观要素表现

项目概述

通过本项目的学习，掌握各类植物、山石、小品等景观要素的线稿表现以及上色技法和配色。

学习目标

1. 掌握乔木、灌木、花卉等植物的线稿表现方法。
2. 掌握乔木、灌木、花卉等植物的上色技法。
3. 掌握景墙、石景、人物的线稿表现方法。
4. 掌握景墙、石景、人物的上色技法。
5. 掌握各种园林小品的线稿表现方法。
6. 掌握各种园林小品的上色技法。

参考学时

12 学时，包括讲解与训练。

地点及条件

多媒体教室或理实一体化绘图室。

任务1 植物表现

熟知园林设计中常用的植物种类的形态和分类是学习的前提条件。园林中常用的观赏植物，大致分为乔、灌、草三类，不同类型的园林植物又因所在的地域环境的不同而有所分别，不同植物的搭配设计应与整个景观的风格一脉相承。因此各类观赏植物的表现在园林设计中十分重要。

5.1.1　乔木类

乔木类的植物形态可以按照树形和叶片形态来区分，树形大致可以分为：圆形、椭圆形、塔形、扇形和伞形，如图 5-1 所示。分别搭配阔叶、针叶、小叶片的肌理即可变换出不同的乔木种类。

通过不同的树形以及各类不同树形的组合，便构成了许多常见的园林乔木组合形式，如图 5-2 所示。

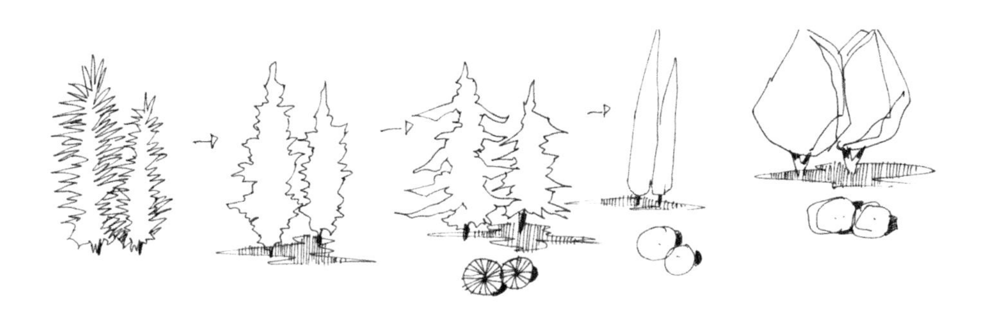

图 5-1　不同树形的乔木表达

在刻画树形的时候，需要注意线条的流畅以及曲线的曲折大小。加之通过不同色系的着色，即可表达出不同季节、不同季相的乔木景观。比如黄绿色系的乔木可以表达秋天的落叶树种和常绿树种的组合；纯绿色系的深浅变化可以表达夏天的不同时期；粉红色系甚至浅紫色系的乔木则可以表现出春季如樱花等植物开花时的情景；一些尖塔状的松柏类植物用灰色系的颜色和绿色相搭配时则可以表现出冬季的寒冷和肃穆，如图 5-3 所示。

图 5-2　乔木组合表现

图 5-3　四季乔木上色表现

5.1.2 灌木类

灌木类的植物植株大都比较矮小，表现方式同样可以通过外形来表现，常见的修剪过的灌木分为长方形和圆形。除此以外一些前景、近景的灌木可以把细节的叶片形态也表达出来，如图 5-4 所示。

图 5-4　灌木细叶片解析

灌木的上色和乔木没有区别，只是灌木通常以常绿灌木为主，通过形态的各异、线条的曲折，以及色彩的不同便可以表现出不同种类的灌木。比如金叶女贞这一常见的园林灌木常被修剪成圆形或者方形，多用亮色系着色来表达其形态，而用其他颜色则可以表达另外种类的灌木，如图 5-5 所示。

图 5-5　灌木形态及上色解析

5.1.3 草本植物

园林植物的搭配讲究“乔灌草”多层次的景观设计，而草本植物因为种类多、颜色丰富、呈现效果好而常常被应用在园林设计中。因此草本植物的手绘形态尤其重要。

通过草本植物叶片肌理粗细、长短、曲折、纹理的变化，就可以将各类草本植物刻画出来，配上不同的色调，则变幻出更多的品种。

草本植物的叶片刻画极其重要，直接关系到植物形态的完整性和生动性，而其中叶片的透视转折是生动性的关键。根据形态的不同，转折的大小可以产生任意的改变。而将这些不同方向的转折叶片聚集

起来就可以构成一株草本植物的主体了，如图 5-6 所示。

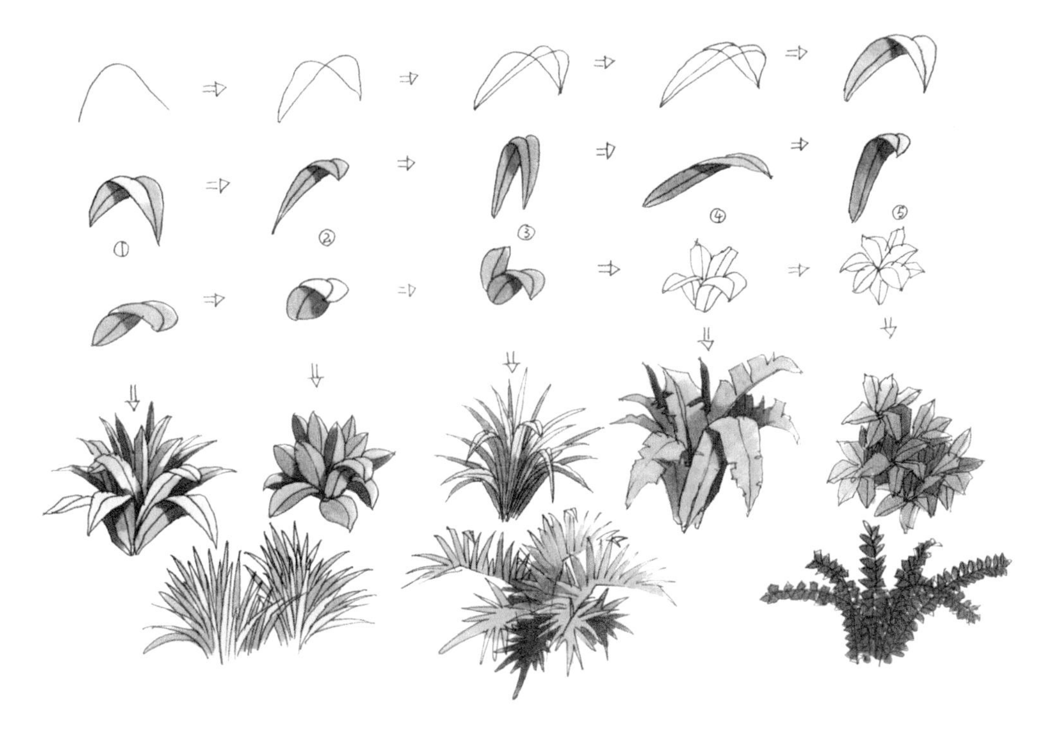

图 5-6　草本植物形态及上色解析

5.1.4　开花类植物表现

若在草本植物的叶片形态刻画完毕时加上不同的花絮，则可以衍生出开花类的草本植物。同样，如果在乔木和灌木的植株形态上加上花絮或者是鲜艳的花色，则可以变化出更多的植物种类，如图 5-7 所示。

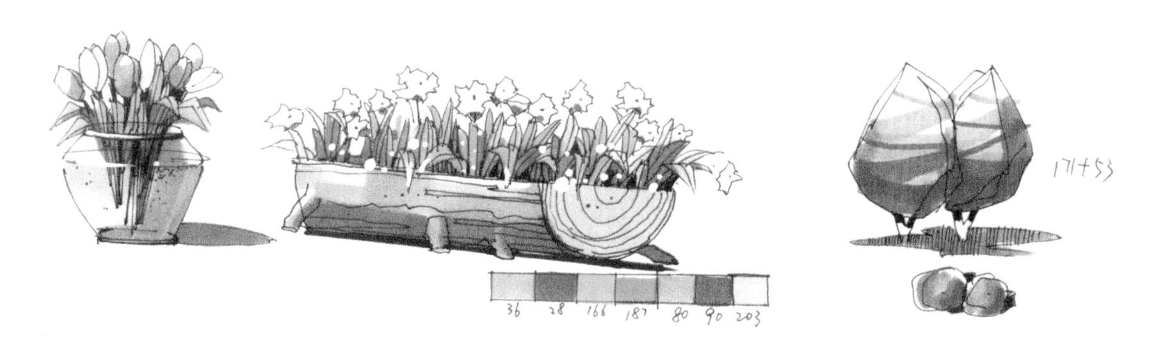

图 5-7　开花植物上色表现

5.1.5　枯枝

园林手绘表现中，枯枝类的表现通常用于丰富画面的内容和完整构图，也是表达冬季和秋季景色的常用植物表达。树枝的要领在于“树分五枝”，即树的分枝一定要大于等于五枝才能够生动地表达枯树的形态，如图 5-8 所示。

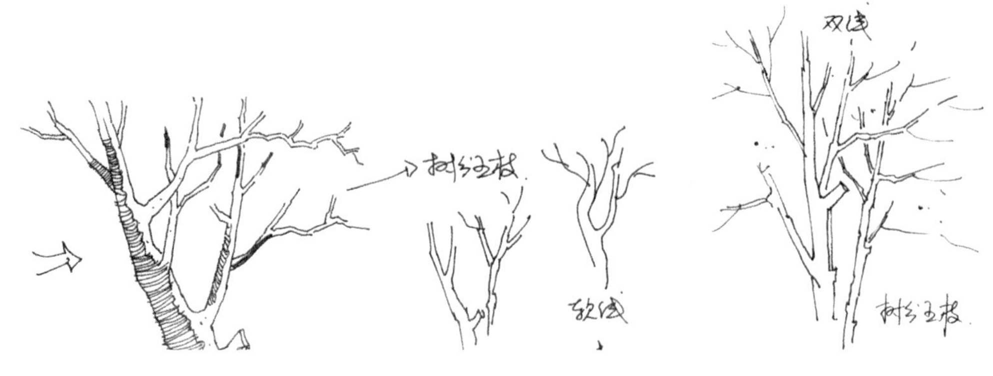

图 5-8　枯树枝的形态解析

5.1.6　盆栽植物

园林植物除了作为植物组合出现，还常常在广场、小区、公园等开敞空间中做点缀，因此常见草本植物、灌木、藤本植物被放置在花器之中，以盆栽的形式呈现，而这些花器的材质肌理也充满变化，有石材光面的、火山岩的、木纹的、瓷砖贴拼的等。另外刻画则需要注意透视和植物与器物之间的关系，如图 5-9 所示。

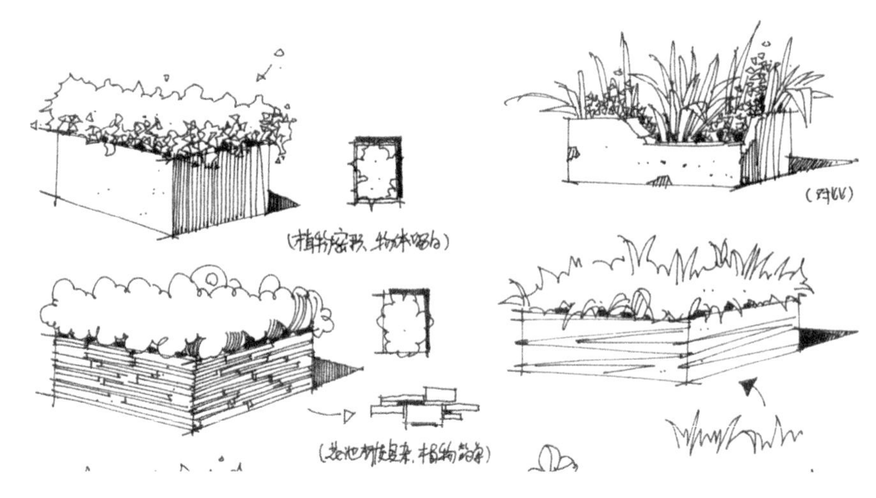

图 5-9　盆栽植物的形态解析

任务 2 景观配景表现

在园林手绘表达中，常见的景观配景以景墙、石景、人物、园林设施为主。景墙与石头常常和水景以及植物做搭配，而人物和园林设施主要作用在于烘托画面氛围。

5.2.1　景墙

景墙在景观设计中是最常见的景观配景之一，常常起到点缀、障景、漏景等景观作用，材质和色彩多变，适用于各类风格的景观表现之中。手绘时，注意一点透视以及两点透视在刻画景墙中的应用，如图 5-10和图 5-11 所示。

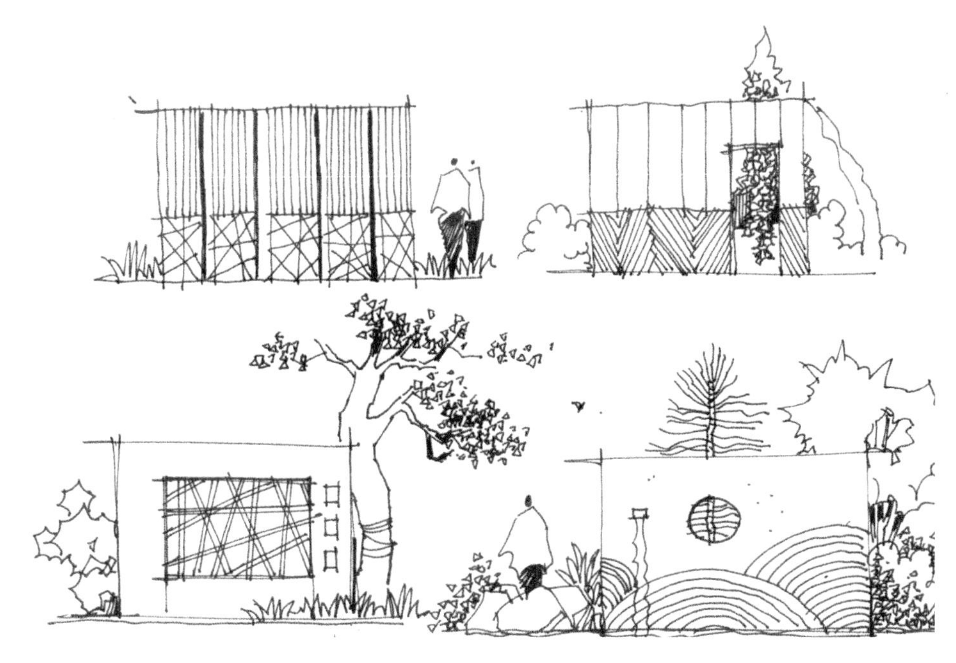

图 5-10　多样式的景墙表达

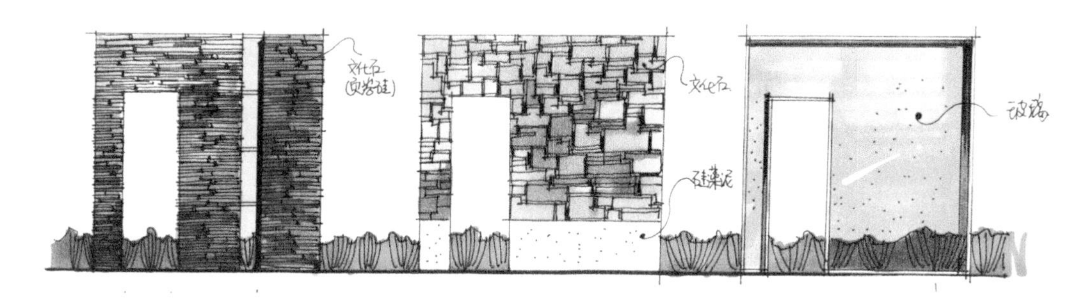

图 5-11　景墙的不同材质色彩表达

5.2.2　石景

石景在园林设计中起到画龙点睛，增加趣味的作用。石材材质较硬，在刻画线稿时需注意使用刚硬的线条，以及“石分三面”即“黑、白、灰”三个面的区分，再配上不同纹路的表达就可以表现出石头的精髓，如图 5-12 所示。

石材相对颜色偏冷，通常用灰色系的色彩进行上色。通过冷灰、暖灰以及冷暖灰相互调和，就可以将石材的颜色生动体现。注意上色时谨记“石分三面”的原理，亮部可以适当留白，加上马克笔破笔技法的应用可以表达光感；而横竖排比的交叉应用则可以表达石材的投影；暗部直接用深色系的灰色平涂即可，如图 5-13 所示。

5.2.3　人物

人物在景观中起到比例尺和烘托氛围的作用，但是要注意人物不是园林手绘表现的主体，只需表现出人物的轮廓、大致的身高、性别、职业即可。注意人物也有近实远虚和近大远小的变化。线条尽量流畅，色彩可以选择一些鲜艳且不常使用的颜色，可以起到点缀画面、丰富颜色的作用，如图 5-14 所示。

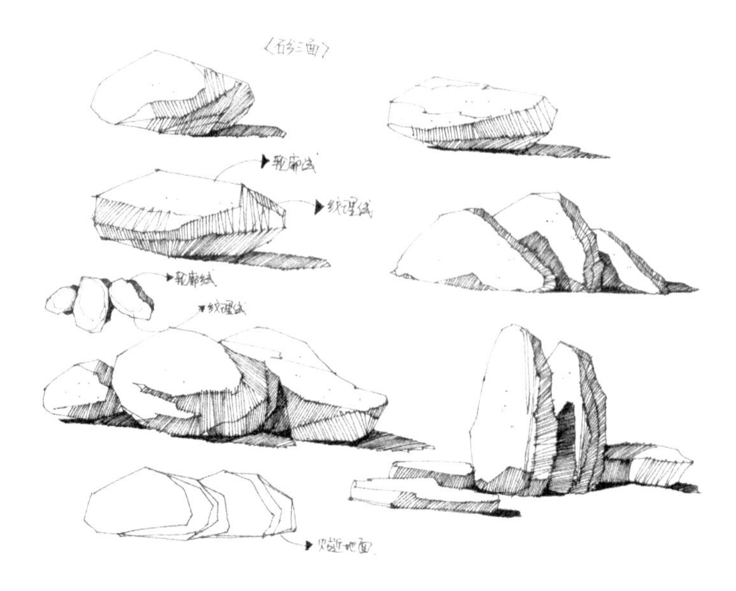

图 5-12　不同形态的石材纯线稿表现

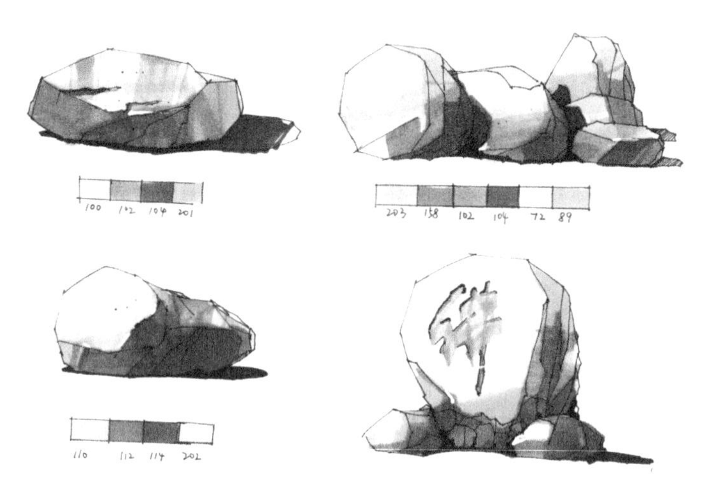

图 5-13　冷暖色石材马克笔表现

图 5-14　人物表现

任务3 园林小品表现

园林小品即园林景观元素的组合和搭配，也称为景观小品，通常作为园林景观设计中的局部景观，多以植物、石、水、景墙、园路的组合为主。

5.3.1　植物组合

植物组合的小品需要注意色彩的搭配以及植物形态的搭配。纯线稿的表达需要精细刻画，如图 5-15 所示。若采用马克笔上色则可以用简单的轮廓勾勒线稿，通过颜色的深浅明暗来表达植物组合的关系，如图 5-16 所示。

图 5-15　植物组合线稿表现

图 5-16　植物组合上色表现

5.3.2　石头组合

石头组合中分为纯石景的组合和石头与植物的组合。在组合的刻画过程中，应当注意区分主次，并且务必有物体之间的前后遮挡关系，从而使整个小品显得紧凑，如图 5-17 所示。而在石头与植物的组合中通常都是石头与草本植物和灌木的搭配，在配色上注意同色调和对比色系的应用，如图 5-18 所示。

图 5-17　石头组合线稿表现

5.3.3 综合小景表现

景观中园林小品处处可见，我们可以搜集一些常见的综合小景表现，举一反三，将其中的植物类型或者是景墙和园林设施的材质变换，可以变成适用于众多方案节点效果图的表现。在表现过程中注意之前强调过的单体刻画的细节、组合中的前后关系以及明暗的表达，如图 5-19 所示。

图 5-18 石头与植物组合上色表现

图 5-19 综合小景组合线稿表现

练习

一、习题

抄绘训练题

（1）抄绘图 5-1 和图 5-2，训练不同树形的乔木线稿表达。

（2）抄绘图 5-3，训练四季乔木上色表现。

（3）抄绘图 5-4 和图 5-5，训练灌木的线稿表达及上色表现。

（4）抄绘图 5-6 ~ 图 5-9，训练草本、花卉、枯枝及盆栽的线稿表达及上色表现。

（5）抄绘图 5-10 和图 5-11，训练景墙的线稿表达及上色表现。

（6）抄绘图 5-12 和图 5-13，训练不同形态的石材线稿表达及上色表现。

（7）抄绘图 5-14，训练不同动态的人物表现。

（8）抄绘图 5-15 ~ 图 5-19，训练园林小品组合的线稿表达及上色表现。

二、答案

项目六　园林景观透视场景表现

项目描述

完整表现景观透视场景，达到透视准确、空间合理、色彩搭配恰当、主次分明的效果。

学习目标

1. 掌握一点透视景观小景线稿表现技法。
2. 掌握一点透视景观小景上色表现技法。
3. 掌握一点透视入口景观线稿表现。
4. 掌握一点透视入口景观上色表现。
5. 掌握两点透视景观小品线稿表现。
6. 掌握两点透视景观小品上色表现。
7. 掌握两点透视水景线稿表现。
8. 掌握两点透视水景上色表现。
9. 掌握自然式景观节点场景表现步骤及绘制方法。
10. 掌握鸟瞰场景的表现步骤及绘制方法。

参考学时

12 学时，包括讲解与演示。

地点及条件

多媒体教室或理实一体化绘图室。

任务 1　一点透视节点场景表现

在掌握一点透视原理及特征的基础上，通过一点透视来表达景观场景。一点透视由于其规律简单，因而是最容易掌握的透视，可以表达大尺度却规整形态的开敞空间和有规律性、重复性单纪念性空间，如纪念性的园林、市政广场、公园入口等。

6.1.1 一点透视景观小品线稿表现

初次画景观场景，都是采用满构图的形式。作图时，一般先定视平线和灭点，用铅笔将透视线画出；然后确定主要景观的位置；再从前往后，由主及次上墨线，其中注意植物形态的灵动性和线条是否干净；最后深入刻画加阴影，如图6-1～图6-4所示。

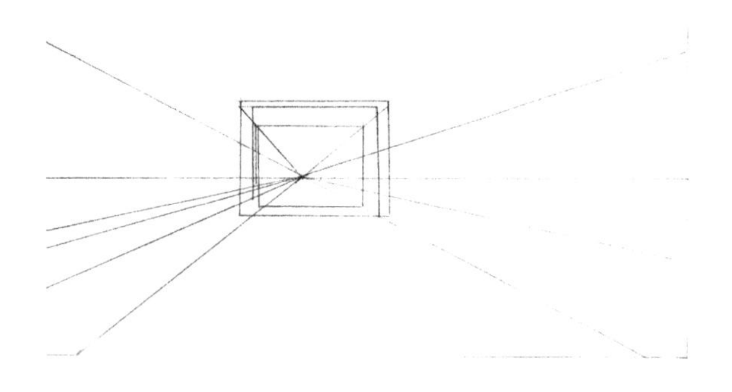
图6-1 一点透视景观小品表现线稿步骤图1

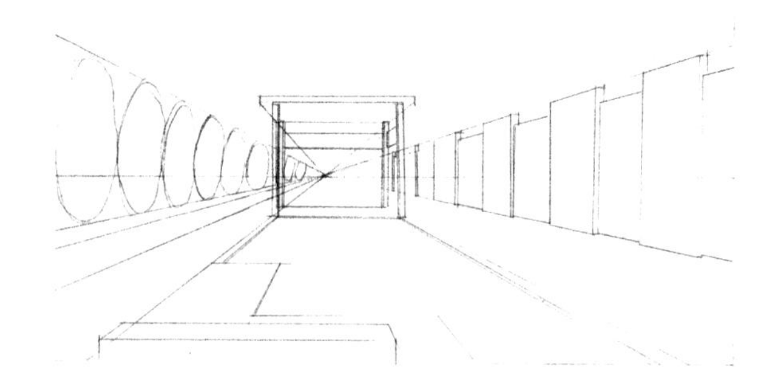
图6-2 一点透视景观小品表现线稿步骤图2

图6-3 一点透视景观小品表现线稿步骤图3

图6-4 一点透视景观小品表现线稿步骤图4

6.1.2　一点透视景观小品上色表现

图6-5所示效果图的上色极其简单，运用的均是最简单的马克笔技法。透过颜色叠加横竖排笔的应用进行上色。上色应该遵循先浅后深、由主及次、前暖后冷的原则。由于此张场景较小，左右均是相同的构造，颜色应该相同，远景是远山，可用灰绿色系的马克笔与彩色铅笔进行刻画。注意色彩搭配要和谐。

第一步将前景的水池上色，注意转动马克笔头让笔触不超出水池的边缘，并且保持一个方向排笔；第二步将第二层次的树池和中景的石景上色；第三步将两侧的行道树用冷暖绿色上色，迎光的部分用偏暖的绿色，背光的部分用偏蓝的绿色，注意两种颜色的衔接；最后用彩色铅笔画远山，并且完善暗部，高光点缀，如图6-5～图6-9所示。

图6-5　一点透视景观小品表现上色步骤图1

图6-6　一点透视景观小品表现上色步骤图2

图6-7　一点透视景观小品表现上色步骤图3

图6-8　一点透视景观小品表现上色步骤图4

图6-9　一点透视景观小品表现上色步骤图5

6.1.3 一点透视入口景观线稿表现

一点透视对于表现空旷且有规律性构筑物的场景极其容易出效果，能够表达大场景的空间。图6-10所示为某市政公园的入口，宽敞且地面构筑物不多，行道树规整排列。因此除了第一步定视平线和消失点之外，可以把地面上的主景及旱地喷泉景观勾勒出来，再用铅笔确定其他构筑物的位置大小；由于是方形规整铺装，找到消失点把铺装画出来，注意要预留人物定位置，人物可以丰富画面空间；之后从左到右把植物刻画出来；最后添加远景和阴影，深入刻画调整，如图6-10～图6-13所示。

图6-10 一点透视公园入口表现线稿步骤图1

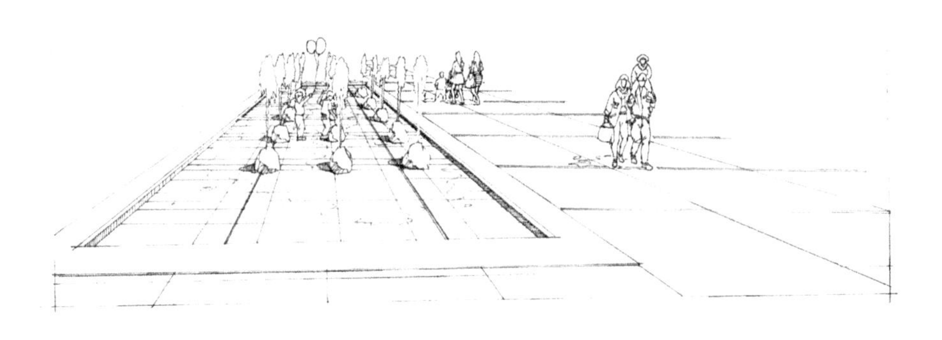

图6-11 一点透视公园入口表现线稿步骤图2

图6-12 一点透视公园入口表现线稿步骤图3

图 6-13　一点透视公园入口表现线稿步骤图 4

6.1.4　一点透视入口景观上色表现

图 6-14 所示为一点透视海滨度假村景观的入口，海滨地区地势平坦开阔，主景部分为异域风格的水景，两旁配有高大的热带棕榈科植物，体现出当地特色。选用鲜艳配色来烘托热带海滨热情洋溢的氛围，由于空间范围较大，因此前景采用了明度较亮的颜色，远景和天空均采用偏灰的蓝紫色系与主景的跌水形成远近和主次的对比。

第一步将前主景的跌水景观上色，注意先用蓝色将水流倾泻的部分画出，保证之后水流的精彩，注意用破笔笔触进行水池的收边；第二步将两旁树池中的灌木上色并使开花植物鲜艳，至少用浅中深三个层次的红色进行着色；第三步将两侧的棕榈科植物上色，可先用嫩绿色用扫笔笔触打底，叶芒处应转动笔头；最后画远景和配景，完善暗部，高光提亮水景和主景部分，如图 6-14 ~ 图 6-18 所示。

图 6-14　一点透视景观入口表现上色步骤图 1

图 6-15 一点透视景观入口表现上色步骤图 2

图 6-16 一点透视景观入口表现上色步骤图 3

图 6-17 一点透视景观入口表现上色步骤图 4

图 6-18　一点透视景观入口表现上色步骤图 5

任务 2 两点透视节点场景表现

两点透视也叫成角透视，有两个灭点，分别消失在视平线的左右两边。相比于一点透视，两点透视在表现景观细节方面有着绝对的优势。因此两点透视往往用来表达景观中的主要景观节点，表达更多的细节，角度更广，视觉效果更加贴近真实感受，所以两点透视是最常用的透视类型，应该重点掌握。

6.2.1　两点透视景观小品线稿表现

图 6-19 作为第一次两点透视的练习，两个灭点均在纸面的边缘，视平线在整个纸面二分之一靠下的部分。画面中景观亭是主体，因此第一步通过透视原理将景观亭画出；第二步把画面中所有可以通过透视找出来的构筑物都用铅笔勾勒出来，大致定下植物的位置；第三步从中心部分开始上墨线，注意预留有前后遮挡的部分；第四步配景线稿完善；第五步进行规整的阴影排线，如图 6-19 ~ 图 6-23所示。

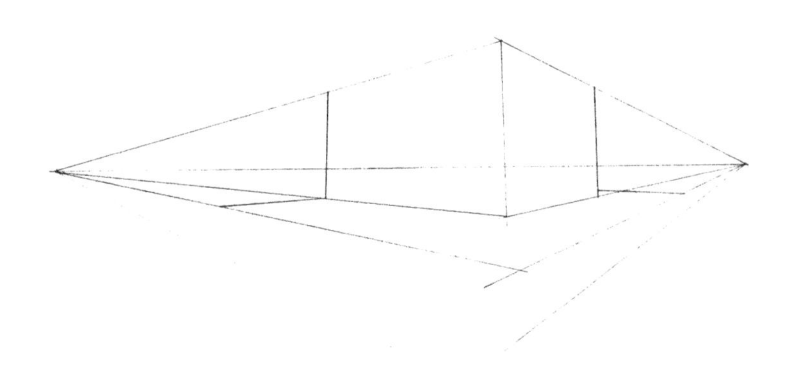

图 6-19　两点透视景观小品表现线稿步骤图 1

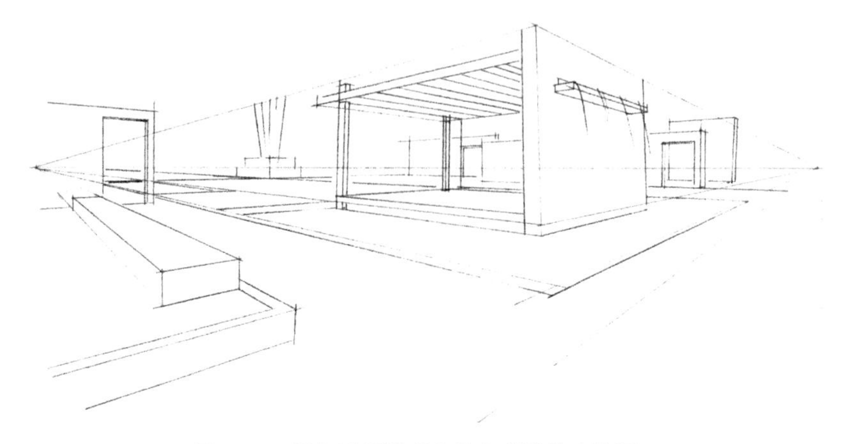

图 6-20　两点透视景观小品表现线稿步骤图 2

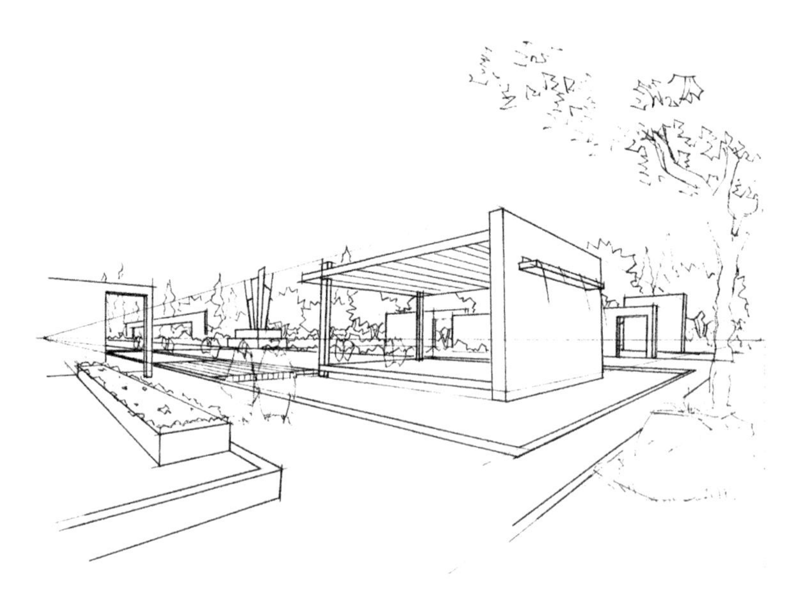

图 6-21　两点透视景观小品表现线稿步骤图 3

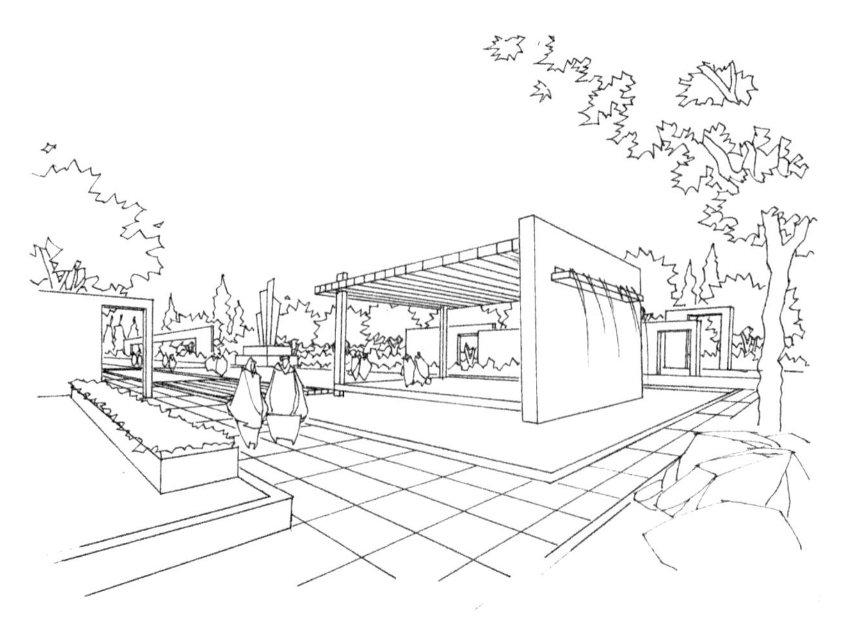

图 6-22　两点透视景观小品表现线稿步骤图 4

图 6-23　两点透视景观小品表现线稿步骤图 5

6.2.2　两点透视景观小品上色表现

两点透视除了能表达精细的景观场景以外同样可以表达大场景的景观。而景观效果图的表现也有多种类型。线稿是基础，线稿扎实，上色只需简单铺色即可。图 6-24 即为上述情况。线稿极其简单，没有细节刻画，只是把场景勾勒出来，剩下的渲染和刻画全部由马克笔来完成。为了增加绘图兴趣，可以任意变换四季色彩，此张图则表现秋季景观。同学们可以多做尝试，有利于色彩搭配和掌握。

中心部分的景观廊架是主景，为了和秋色搭配采用淡红色系的颜色进行上色，再将铺装用暖灰打底，以及前景的枯草用笔尖根据草的形态上色；以主景为中心发散，依次将围绕在主景附近的植物进行上色；再把远景的植物进行上色，注意应该添加一些灰色和冷色；最后完善光影关系，加上高光，在暗部和大树上添加排线和肌理，如图 6-24 ~ 图 6-28 所示。

图 6-24　两点透视景观廊架上色步骤图 1

图 6-25　两点透视景观廊架上色步骤图 2

图 6-26　两点透视景观廊架上色步骤图 3

6.2.3　两点透视水景线稿表现

水景通常为景观设计中主景部分，也是着重刻画的对象，图 6-29 也不例外。首先找到视平线及灭点，本图的视平线位于画面三分之一靠下的部分，灭点位于纸的两侧；同样根据透视原理找出主要景观构筑物的位置、大小，用铅笔勾勒出来；之后从主景开始上墨线，预留有遮挡的部分；深入刻画植物以及材质细节；最后调整光影关系，完善整幅画面。大面积空白水面，可加入一些水生植物，如睡莲、浮萍等点缀，如图 6-29 ~ 图 6-33 所示。

图 6-27　两点透视景观廊架上色步骤图 4

图 6-28　两点透视景观廊架上色步骤图 5

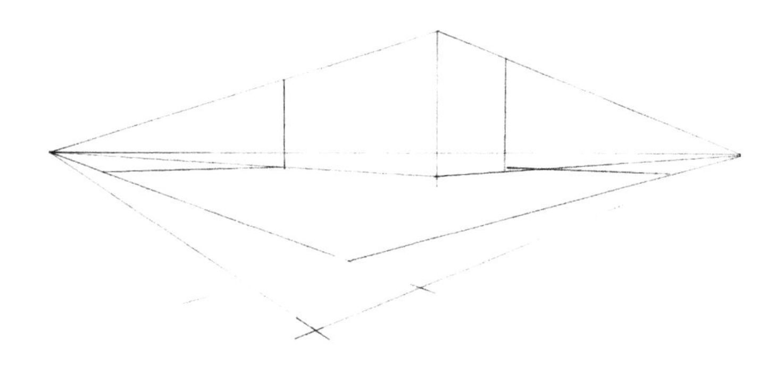

图 6-29　两点透视水景表现线稿步骤图 1

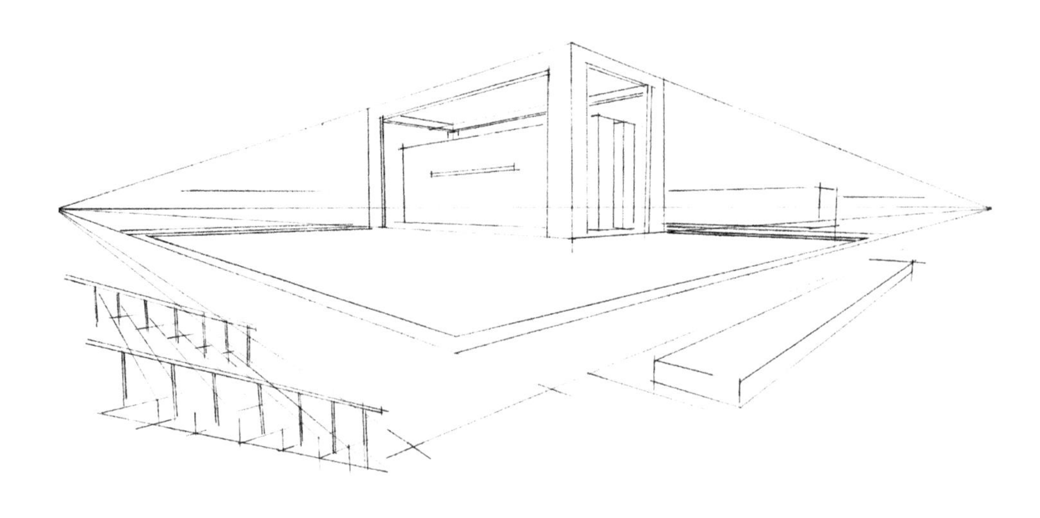

图 6-30　两点透视水景表现线稿步骤图 2

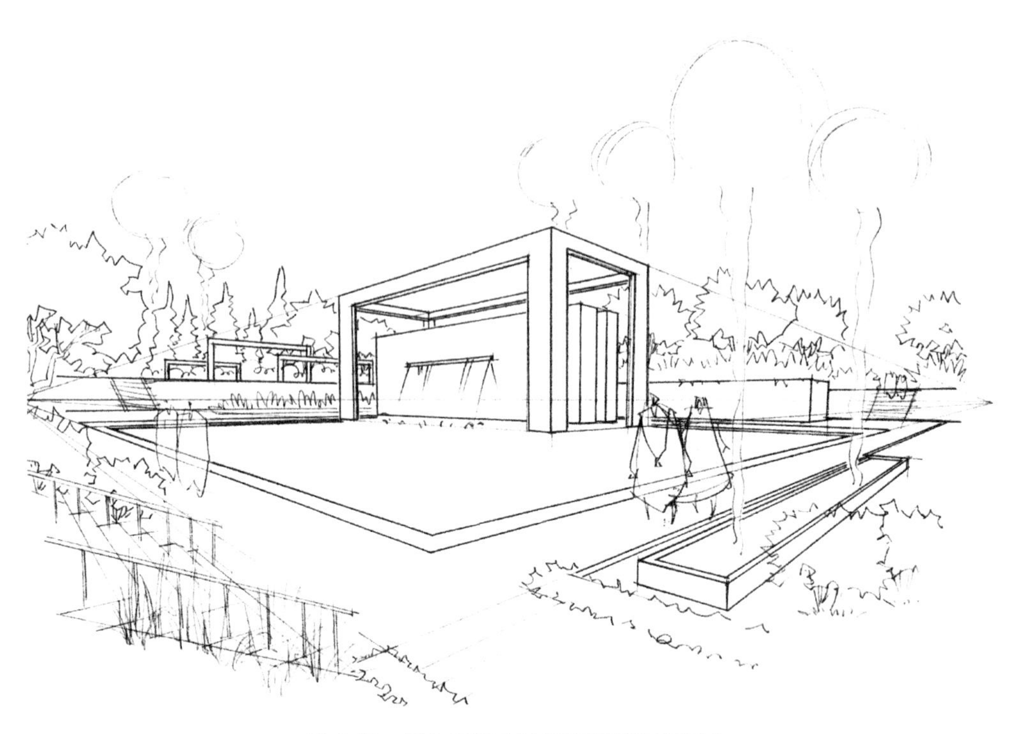

图 6-31　两点透视水景表现线稿步骤图 3

6.2.4　两点透视水景上色表现

许多精致的景观往往都离不开庭院。图 6-34 表达的是一个庭院景观，虽然小型的跌水是主景，但是紧随其后的休闲座椅却交待了整个空间的属性。因此在景观效果图的表现中要注意氛围的渲染和烘托。由于线稿十分精细，在上色过程中则较为简单。在主景部分用较暖偏亮的绿色来烘托主景，其余部分都用浅色打底，确定主要部分的颜色搭配；随后深化上色，并用一些偏冷的绿色刻画中景和远景的植物；再依次逐一添加暗部，不可对单一物体进行深入刻画，上色均是整体进行，否则往往无法突出中心；最后调整细节，加上跌水的高光和天空，让整体更加生动，如图 6-34 ~ 图 6-38 所示。

图 6-32　两点透视水景表现线稿步骤图 4

图 6-33　两点透视水景表现线稿步骤图 5

图 6-34　两点透视水景表现上色步骤图 1

图 6-35　两点透视水景表现上色步骤图 2

图 6-36　两点透视水景表现上色步骤图 3

图 6-37　两点透视水景表现上色步骤图 4

图 6-38　两点透视水景表现上色步骤图 5

任务 3 自然式景观节点场景表现

自然式景观场景通常没有明显的透视效果，往往用来表达自然式的园林景观。这类景观涵盖自然风景区、中国古典园林以及一些旅游景区的景观风貌等。其中的景观节点往往以水景为主，多为跌水、瀑布、溪流等。在表现的过程中应该注意动态水和静态水的区别。若是静态水则在面积较大的水面应该以一个方向的马克笔排线进行上色，根据光影关系在背光处加上同色系的深色来表现水的深度。反之，应该注意跌水溅起的水花的表现，可用高光笔进一步刻画，注意水滴是在溅起的方向变大，还可适当用手抹高光，来表现水的反光。

图 6-39 所示山水节点表现的是自然风光，溪流涌动穿梭在森林之中。线稿较为简单，没有做过多的黑白灰处理，为后期上色提供更多的可能性和更大的空间。大树只画了枝干，用枝干去预留树冠的位子和大小。前景运用细叶片灌木和草本植物，远景以植物轮廓进行概括，石头有着近大远小的透视特点，如图 6-39 ~ 图 6-43 所示。

图 6-39　自然式山石水景节点表现步骤图 1

图 6-40　自然式山石水景节点表现步骤图 2

图 6-41　自然式山石水景节点表现步骤图 3

图 6-42　自然式山石水景节点表现步骤图 4

图 6-43　自然式山石水景节点表现步骤图 5

任务 4 鸟瞰场景表现

6.4.1　景观鸟瞰线稿表现

鸟瞰图被认为是所有类型中最难的一种，其实不然，景观鸟瞰图相对于建筑、规划、室内设计专业的鸟瞰图而言是最为简单的。景观的构筑一般不高并且通常有绿植相伴，因此在景观的鸟瞰图中一般不会使用三点透视，而是选择视点较高的两点透视或者一点透视来表达。同一点透视和两点透视的原理一样，只是为了更大范围、更舒服地表现鸟瞰图的视角，通常视平线和灭点都不在纸面上。第一步是在画面中画出地块的位置，一般左右两个边的夹角为 110°～120°为宜；第二步找出地面上构筑物的位置；第三步根据透视原理将这些构筑物立体起来；第四步上墨线；第五步调整和光影关系的处理，如图 6-44～图 6-48所示。

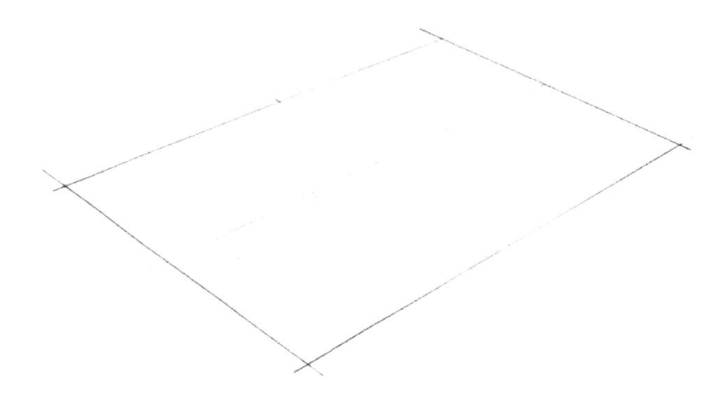

图 6-44　景观鸟瞰线稿表现步骤图 1

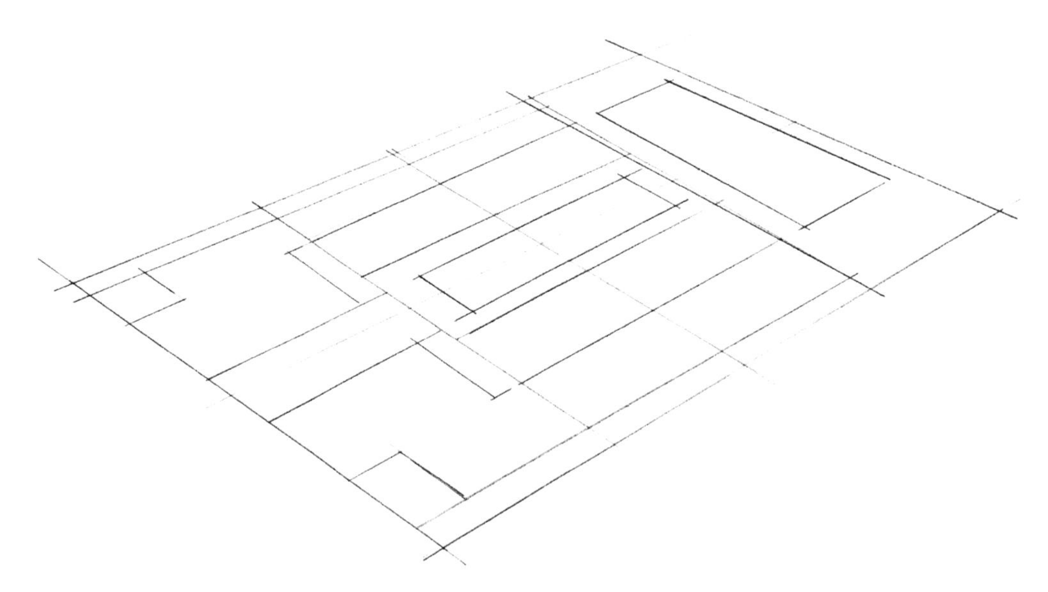

图 6-45　景观鸟瞰线稿表现步骤图 2

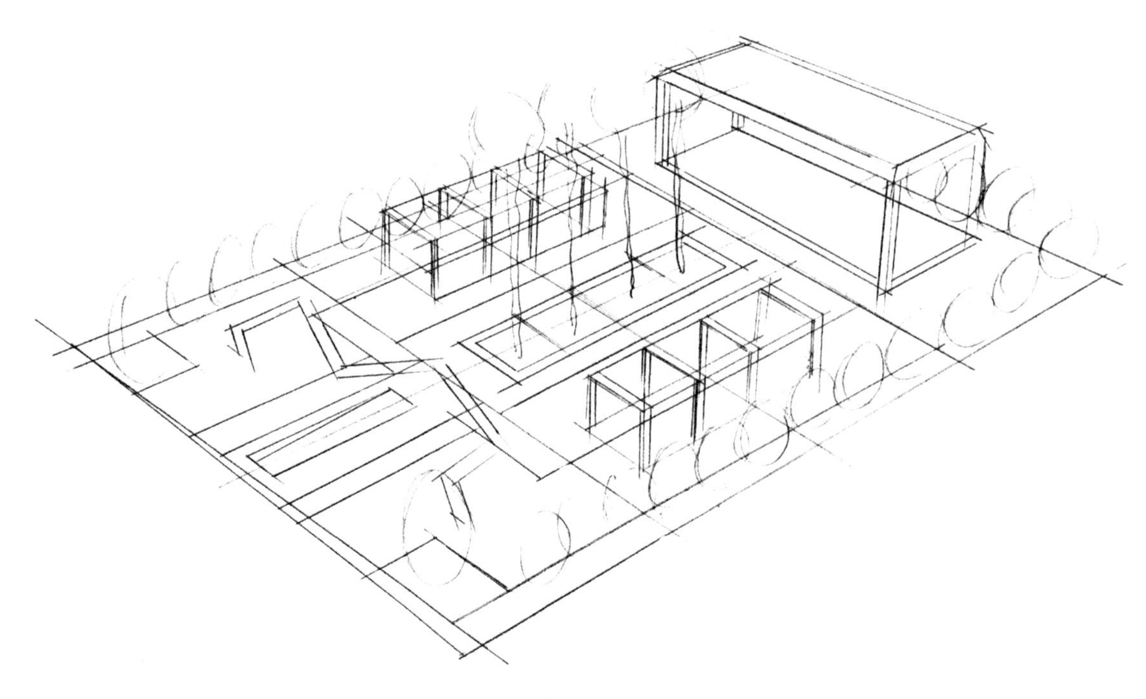

图 6-46　景观鸟瞰线稿表现步骤图 3

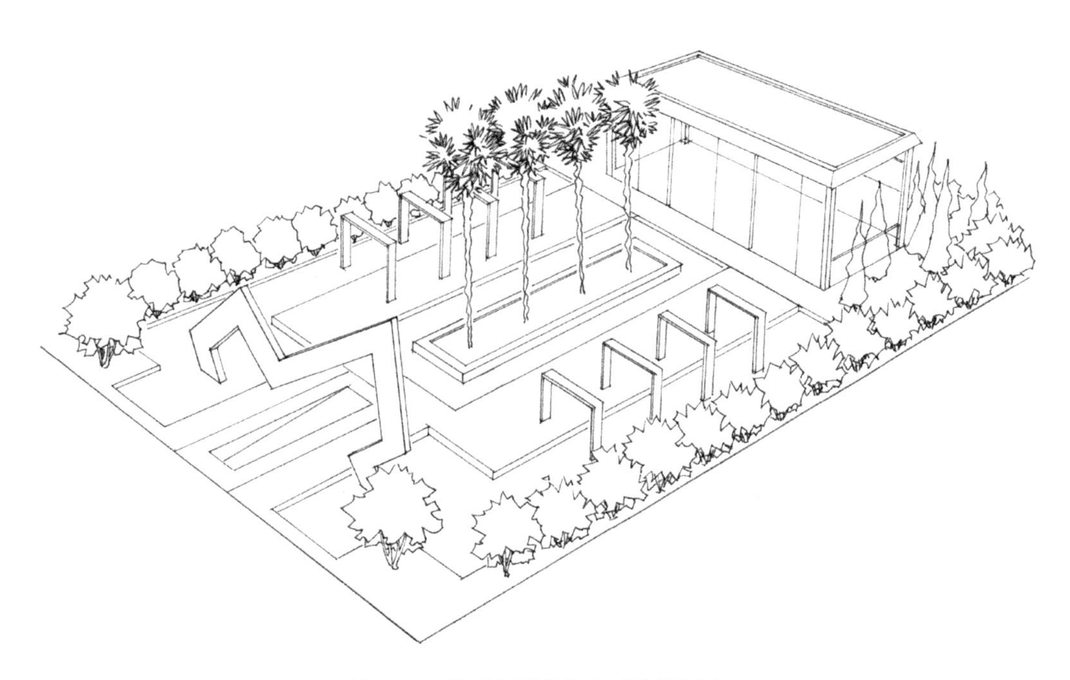

图 6-47　景观鸟瞰线稿表现步骤图 4

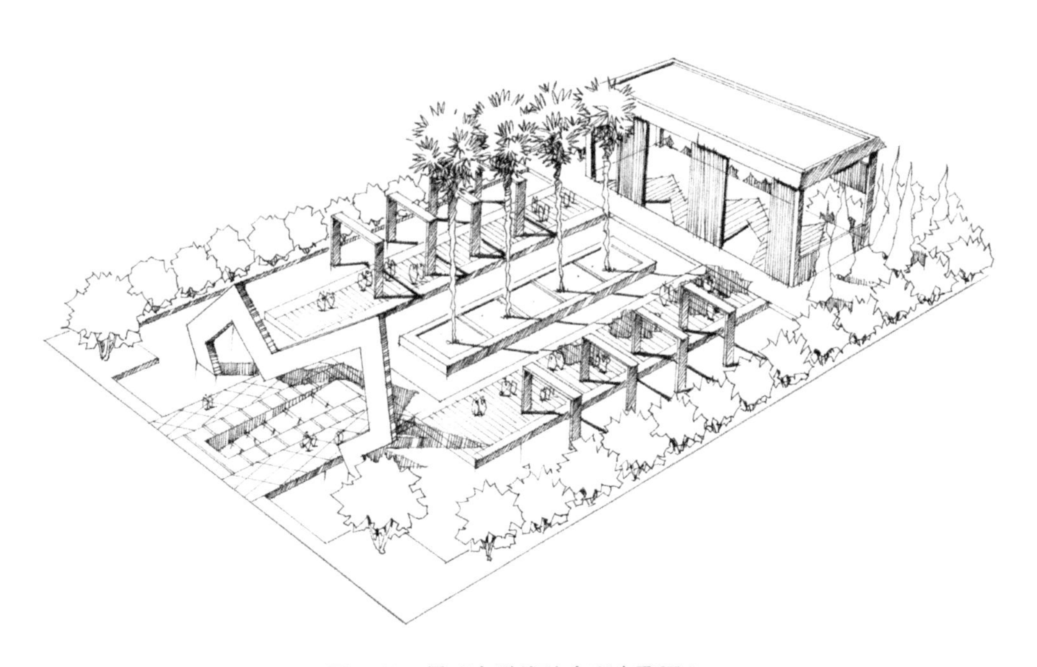

图 6-48　景观鸟瞰线稿表现步骤图 5

6.4.2　景观鸟瞰上色表现

在掌握鸟瞰图的线稿表现的基础上，对于地块较大的景观场地而言，其上色是极为简单的。因为物体越小对于上色技法的要求就越简单，因此图 6-49 所示市政公园的鸟瞰图不需要过多的马克笔技法，掌握好色彩搭配，加上细心就可以很好地完成这张效果图的上色。第一步，从较近的地块开始上色，先上水景，注意使用飘笔笔触，让水面产生自然的深浅和反光的变化，并且用较浅的绿色为草坪上色；第二步，用一些光源色和浅灰色系给道路上色，由于是鸟瞰图，所以道路一般都会非常清晰地看到，用这样的颜色能够体现出路面的开阔感；第三步，将主要的植物上色，区分绿色系的冷暖色，搭配使用，在靠前的部分多用暖色，相对靠后、较远的部分用冷色；第四步，进行远景、光影关系以及细节的调整，如图 6-49 ~ 图 6-53 所示。

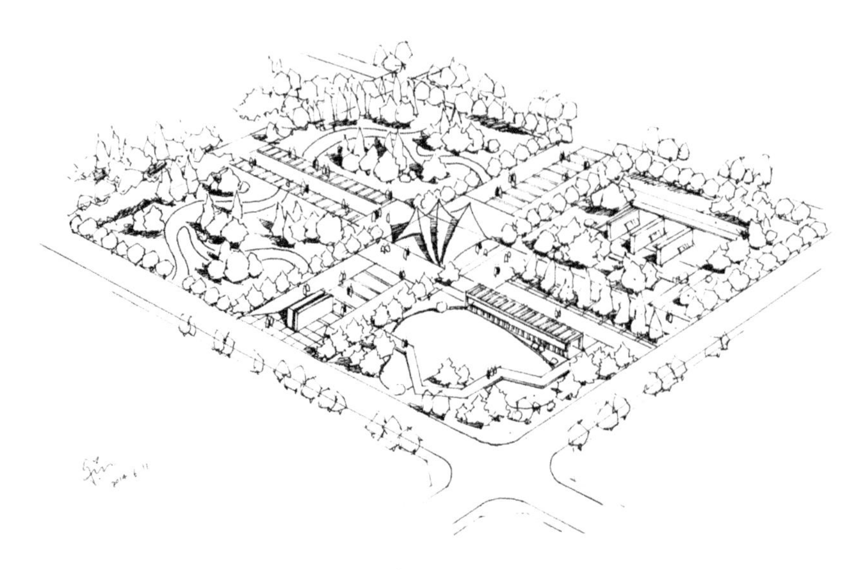

图 6-49　景观鸟瞰上色表现步骤图 1

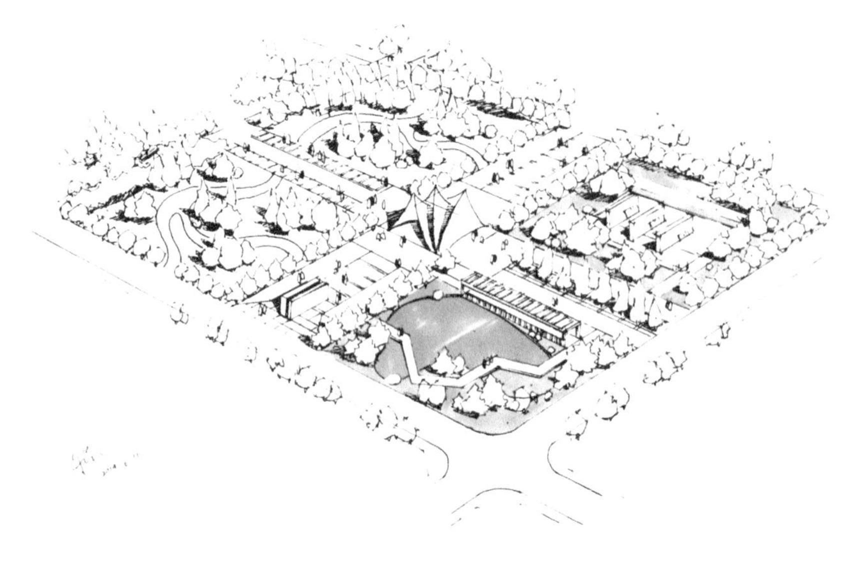

图 6-50　景观鸟瞰上色表现步骤图 2

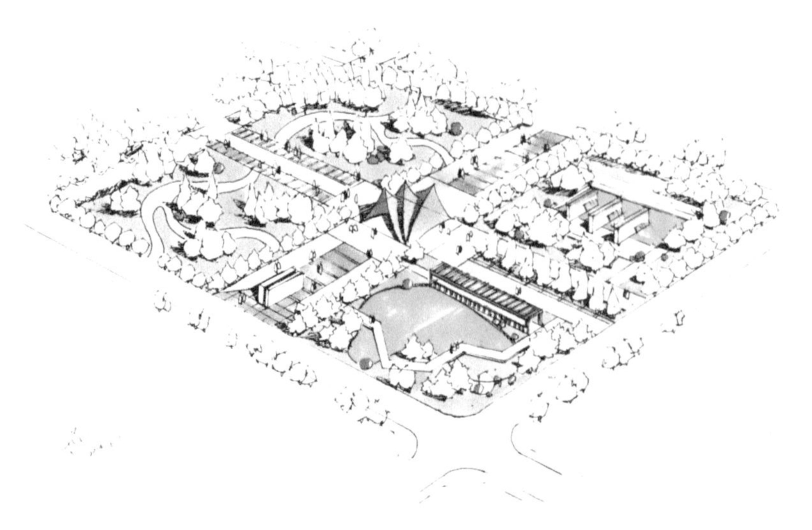

图 6-51　景观鸟瞰上色表现步骤图 3

图 6-52　景观鸟瞰上色表现步骤图 4

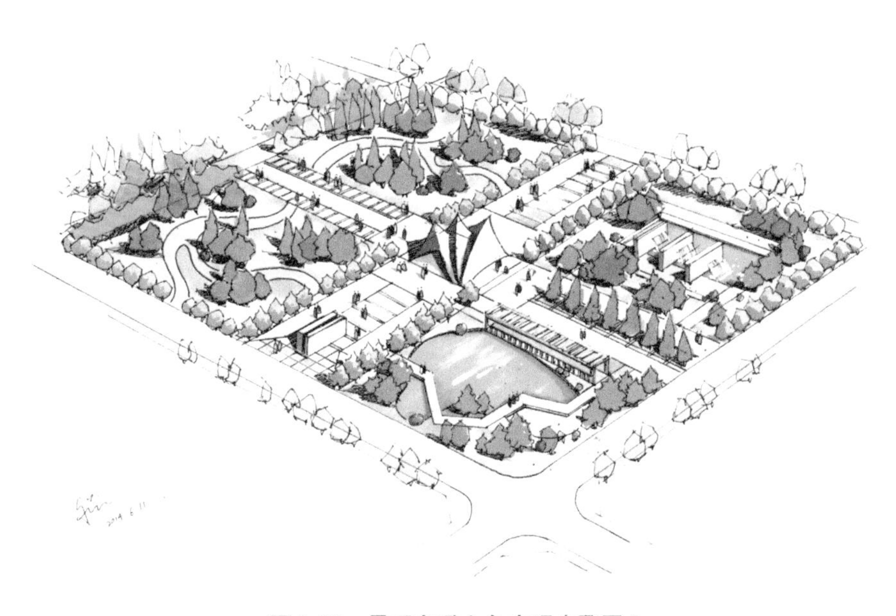

图 6-53　景观鸟瞰上色表现步骤图 5

练习

一、习题

抄绘训练题

(1) 抄绘图 6-1 ~ 图 6-4，训练一点透视景观小景线稿表现技法。

(2) 抄绘图 6-5 ~ 图 6-9，训练一点透视景观小景上色表现技法。

(3) 抄绘图 6-10 ~ 图 6-13，训练一点透视入口景观线稿表现。

(4) 抄绘图 6-14 ~ 图 6-18，训练一点透视入口景观上色表现。

(5) 抄绘图 6-19 ~ 图 6-23，训练两点透视景观小品线稿表现。

(6) 抄绘图 6-24 ~ 图 6-28，训练两点透视景观小品上色表现。

(7) 抄绘图 6-29 ~ 图 6-33，训练两点透视水景线稿表现。

(8) 抄绘图 6-34 ~ 图 6-38，训练两点透视水景上色表现。

(9) 抄绘图 6-39 ~ 图 6-43，训练自然式景观节点场景表现步骤及绘制方法。

(10) 抄绘图 6-44 ~ 图 6-53，训练鸟瞰场景的表现步骤及绘制方法。

二、答案

项目七　园林景观综合表现范例赏析

项目描述

综合运用之前所学知识，如平面图、立面图、剖面图及分析图的手绘表现和平面转立剖面和效果图的技能，加上综合排版，最终呈现整套方案。

学习目标

1. 掌握庭院绿地方案表现。
2. 掌握屋顶花园方案表现。
3. 掌握城市河道周边绿地设计表现。
4. 掌握产业园区绿地设计。
5. 掌握居住区绿地设计。
6. 掌握滨水公园景观方案表现。
7. 掌握市政公园景观设计。
8. 掌握教学楼庭院景观方案表现。

参考学时

12 学时，包括讲解与演示。

地点及条件

多媒体教室或理实一体化绘图室。

任务1 庭院绿地方案表现

这套图纸（图7-1）较为简单，庭院绿地面积不大，本图平面图和立剖图没有采用同样的比例，需要特别注意。本作品仅用了2个小时便完成了一套图纸，因此在这个阶段需要加强速度的练习。在鸟瞰图的临摹中注意前后遮挡关系，并且试着找到灭点和视平线。

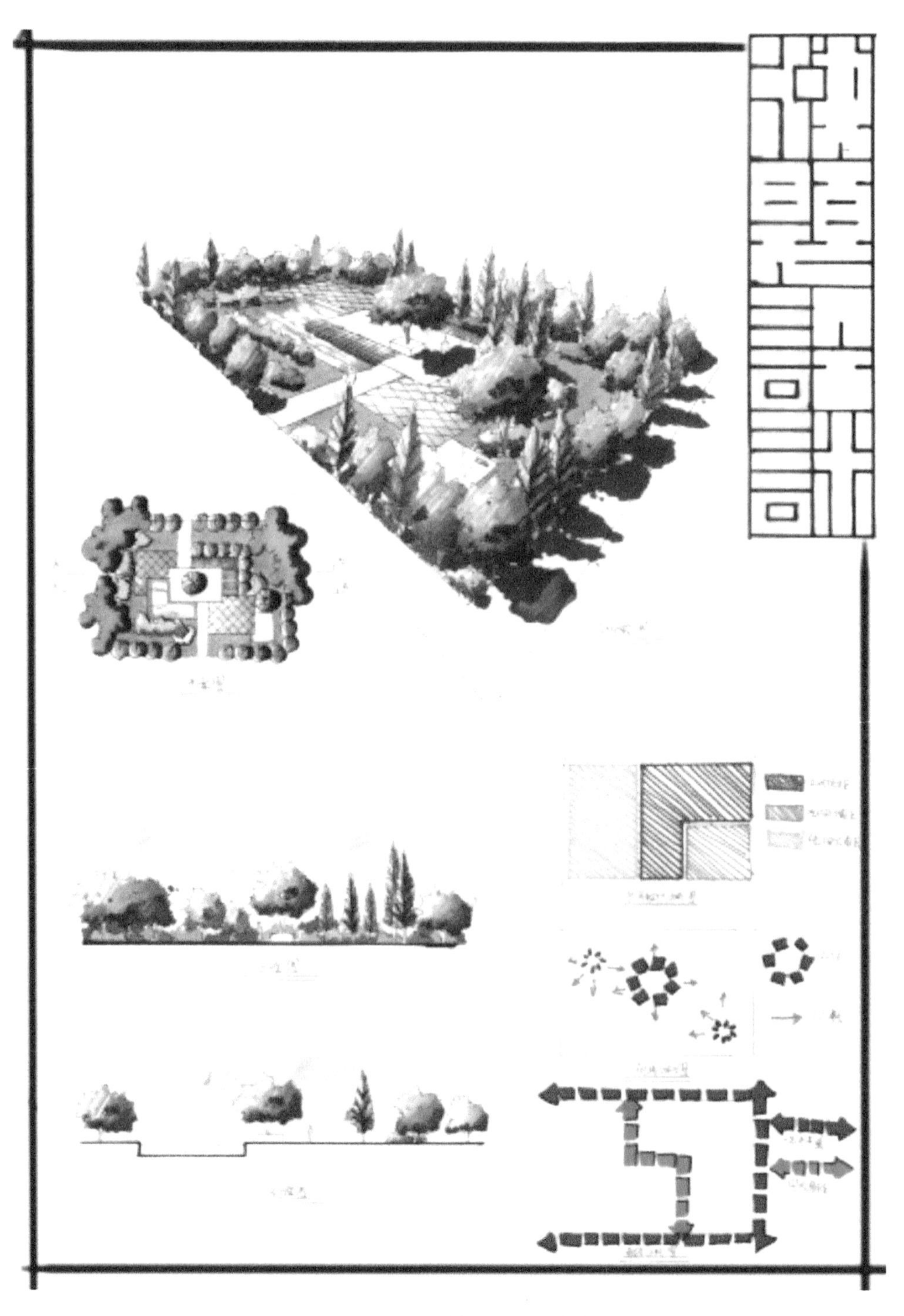

图7-1　小型校园景观绿地方案表现

任务2 屋顶花园方案表现

屋顶花园一般建在楼高不超过8层的建筑之上。屋顶花园作为特殊的一类园林景观，最主要的是需要考虑其尺度和承重。在手绘表现中，一般不用考虑其具体的土方大小，只需要在种植时注意选用小乔木并且应该注意屋顶防水层的构造。

此套方案是一个10m×16m的别墅屋顶，比例尺是1∶100，剖面图有屋顶防水层的具体构造，如图7-2所示。

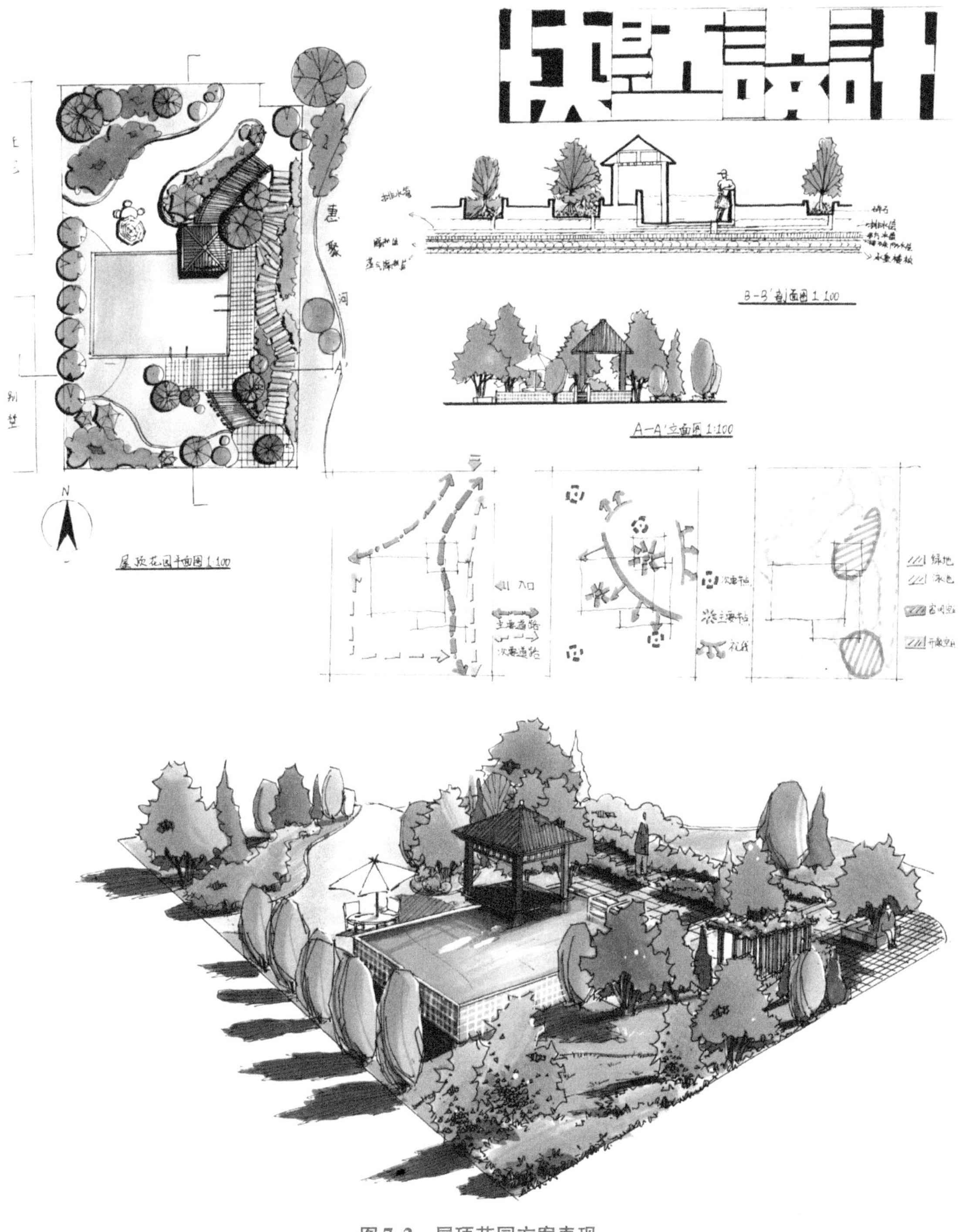

图7-2　屋顶花园方案表现

任务3 城市河道周边绿地设计方案表现

城市的附属绿地类型众多，此套方案是南方某一城市河道周边的绿地。中间河道宽 15m，不规则的绿地长 400m，最宽处 140m（含河道），基地周边均为城市道路，周边用地性质为居住区。要求设计一个供周边居民娱乐活动休闲的绿地，平面图比例为 1∶600；剖面图比例为 1∶300，如图 7-3 所示。

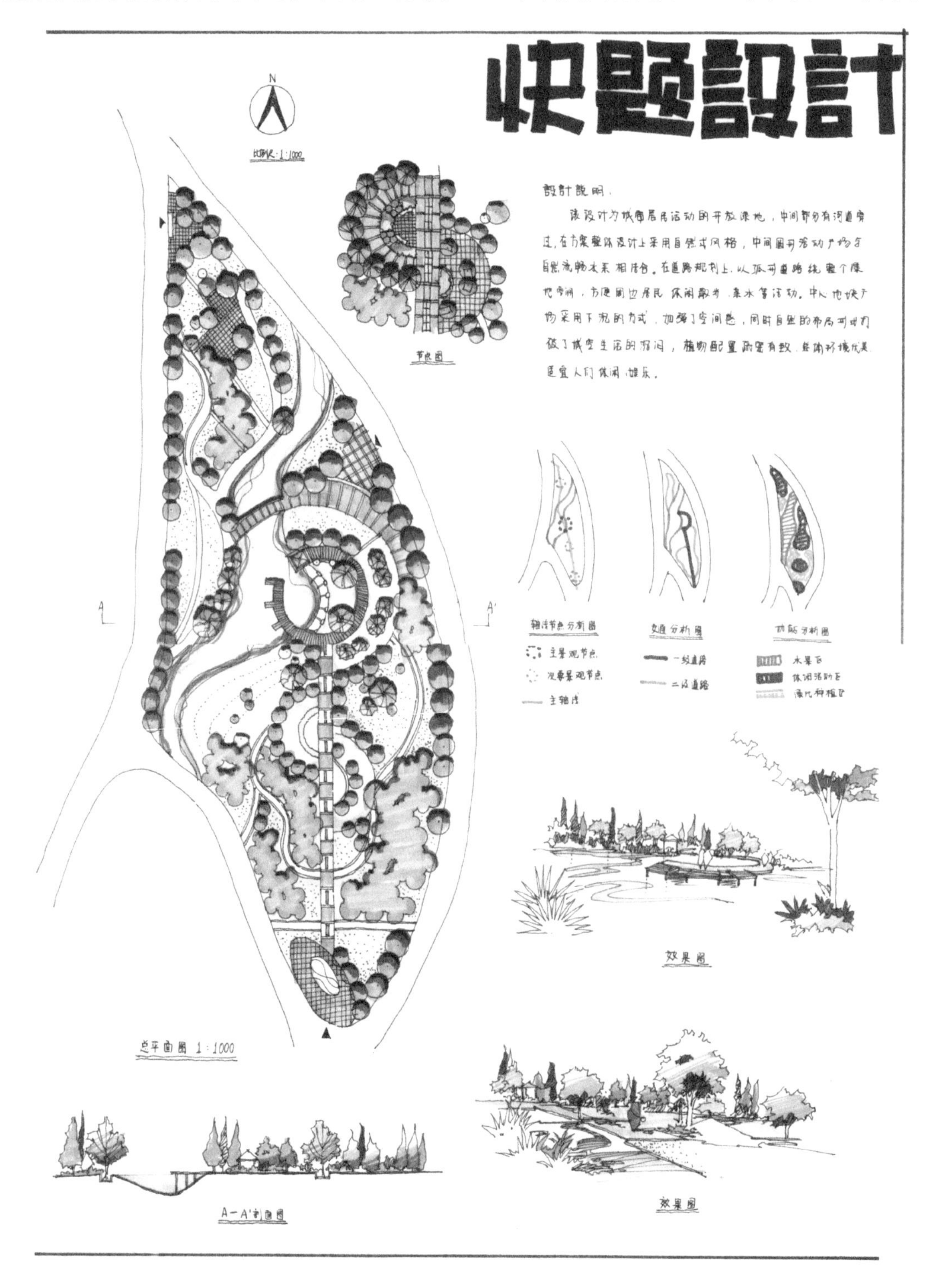

图 7-3　城市河道周边绿地设计方案表现

任务4 产业园区绿地设计方案表现

该方案位于西南某一高新科技产业园区内，四周均为其他企业用地，周围有办公和住宿等相关配套建筑设施。建筑之间的空地为设计用地，为30m×30m的场地。要求具备健身、休闲、沟通的功能空间，为产业园的员工提供良好的办公环境，如图7-4所示。

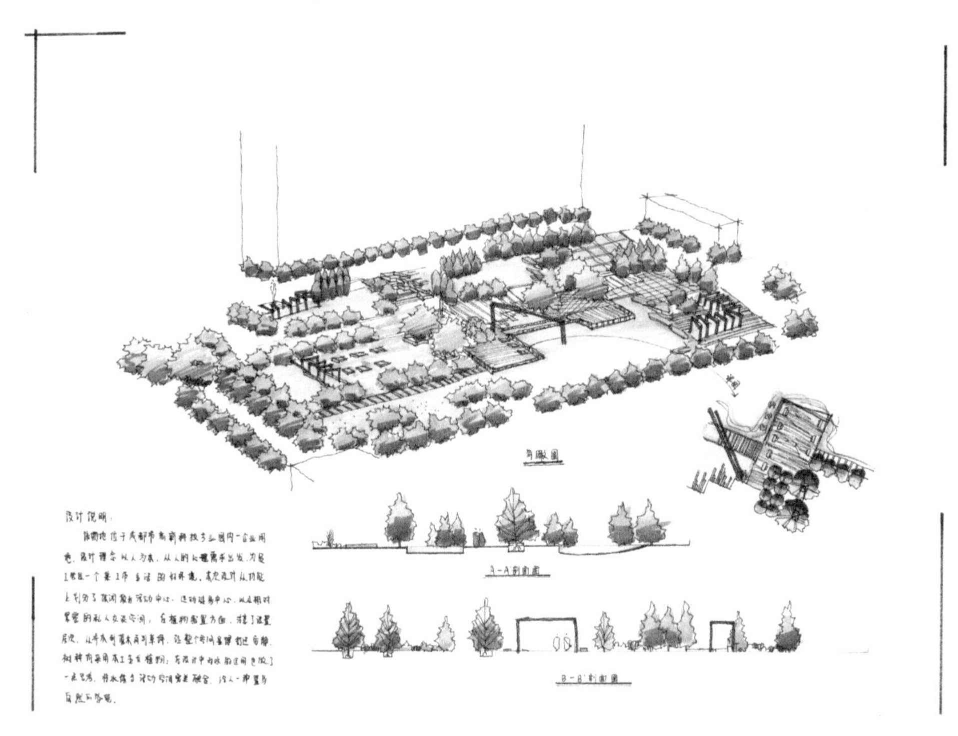

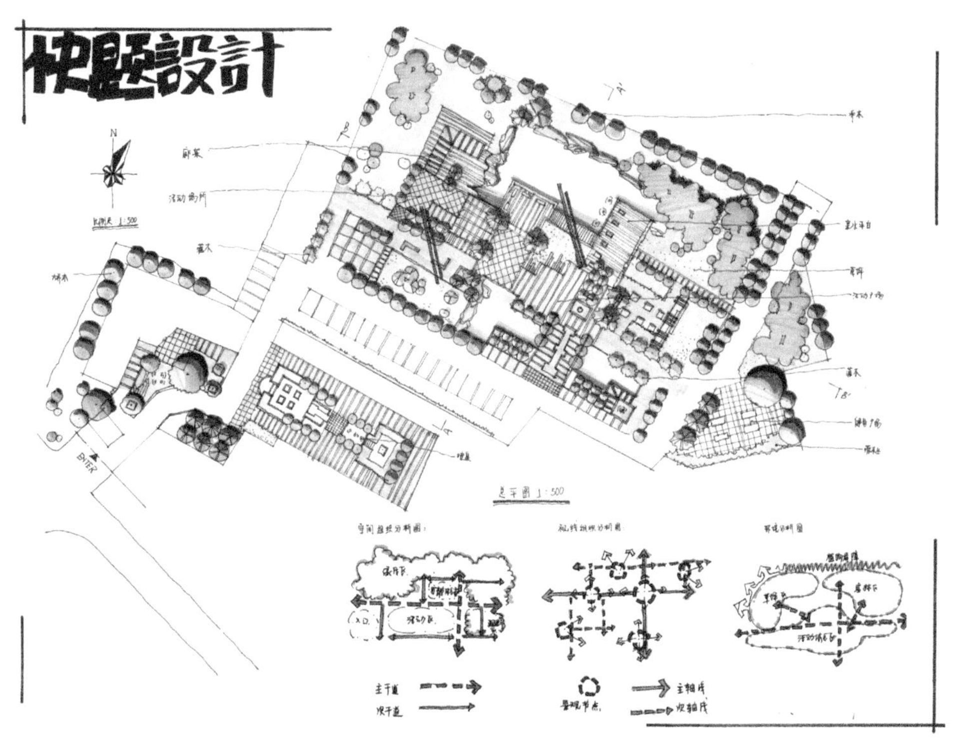

图7-4 产业园区绿地2设计方案表现

任务5 居住区绿地设计方案表现

此套方案区位于某居住区户外场地，东西 56m，南北 75m，东西南三面临居住区，北临幼儿园，场地西北方为树林。要求在次场地内设计一处供居住区户主休闲娱乐的场地，要有功能分区，设置主场地、老年活动区，儿童活动区，并保留西北方的树林。本套方案比例为 1∶300，平面图一张和剖立面图比例一致，如图 7-5 所示。

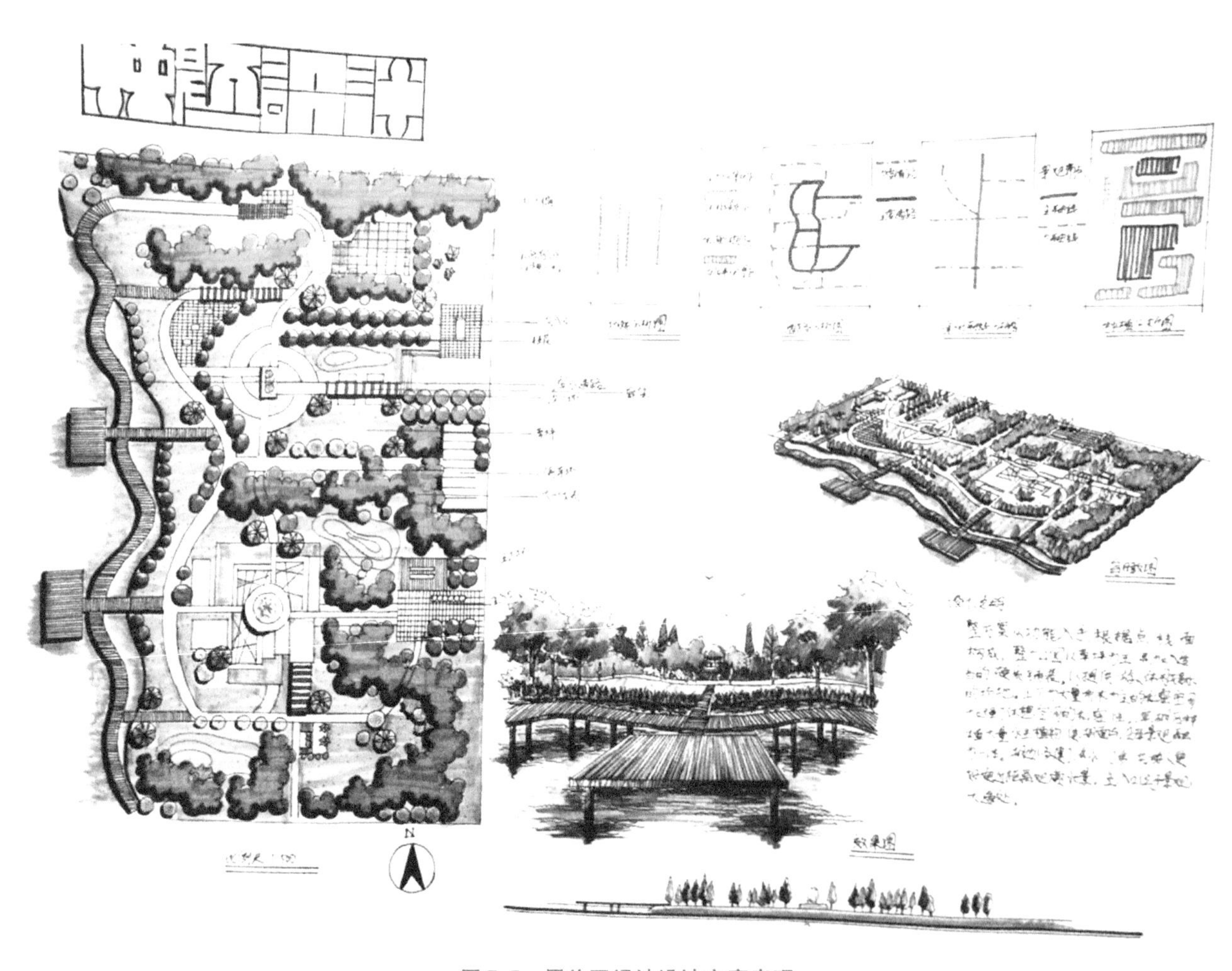

图 7-5 居住区绿地设计方案表现

任务6 滨水公园景观方案表现

此场地位于成都市某地，东西54m，南北125m，比例尺为1∶100。场地南北东均为城市主干道，西侧为××湖。要求在此场地内设计一公园，要求有主场地及一定的娱乐设施并保留场地内的树木，滨水区具有游览和观景的功能，如图7-6所示。

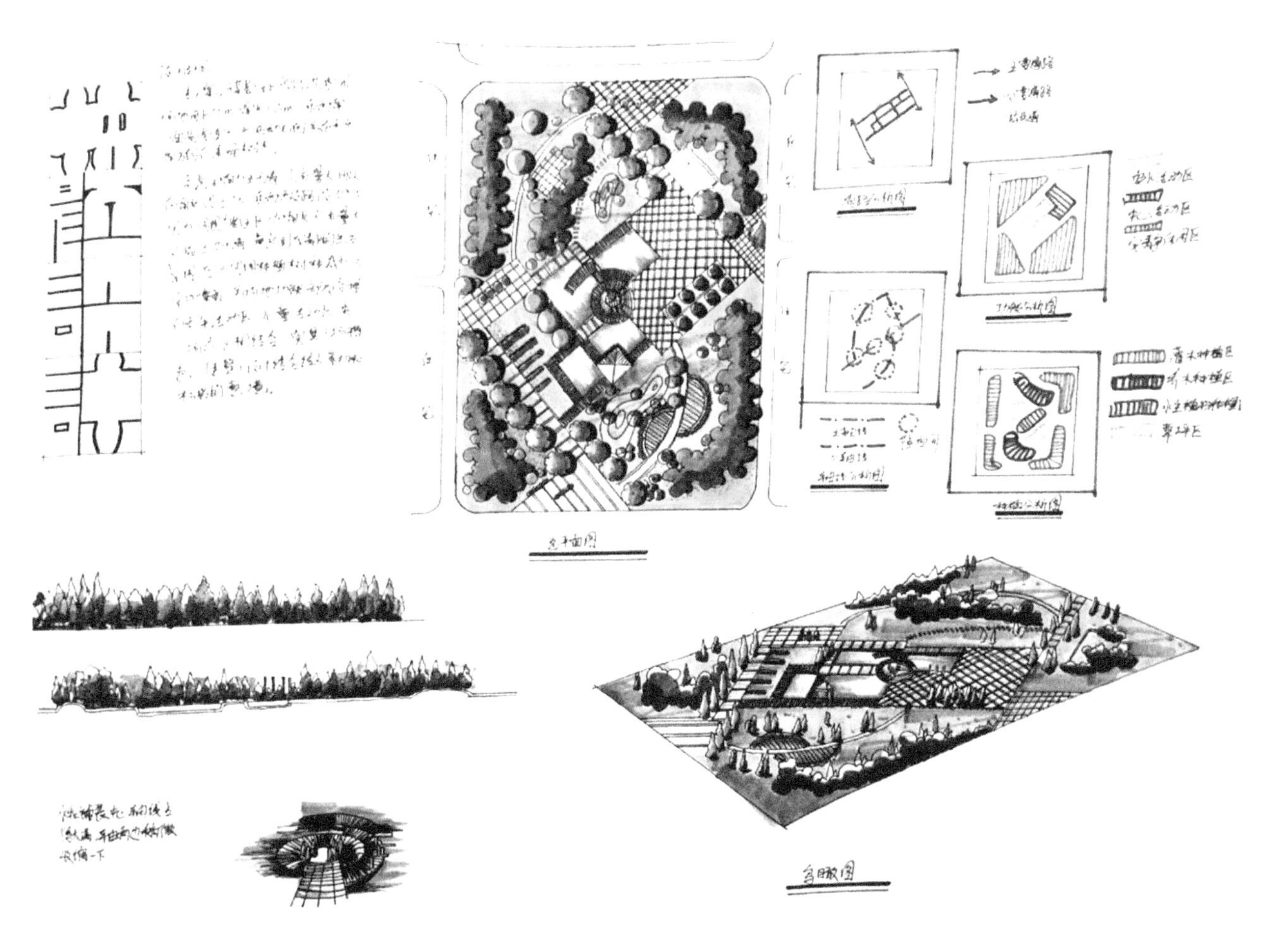

图7-6　滨水公园景观方案表现

任务7 市政公园景观设计方案表现

此套方案位于城市的心脏地带，是城市的文化中心，周围有演艺中心、展览馆、剧院、图书馆等公共设施，同时也有高档居住区在此附近。因此是人流集中的场地，所以需要一些开敞空间来满足集散的功能，同样需要一些私密空间和休闲娱乐的场所供市民使用。该地块 100m × 40m，比例为 1∶500，作为城市的公共绿地，成为了各个功能建筑的连结点和转换空间，如图 7-7 所示。

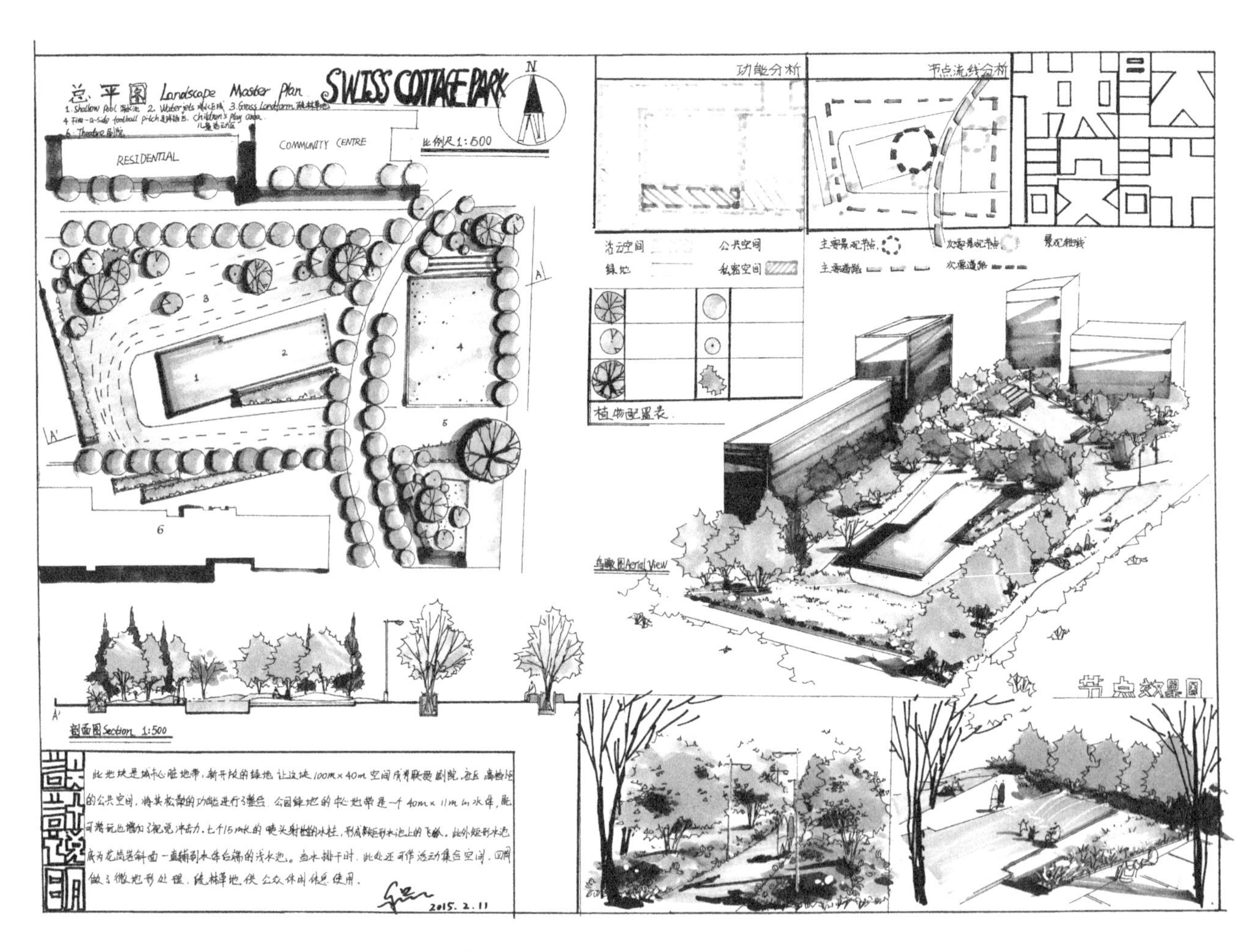

图 7-7　市政公园景观设计方案表现

任务8 教学楼庭院景观方案表现

此套方案是北方某一高中校园绿地，南北均是教学楼，此为其间的一块绿地。设计时需要注意环境氛围的把握，以及开放空间与私密空间的结合。比例尺为1∶300，长57m，宽52m，如图7-8所示。

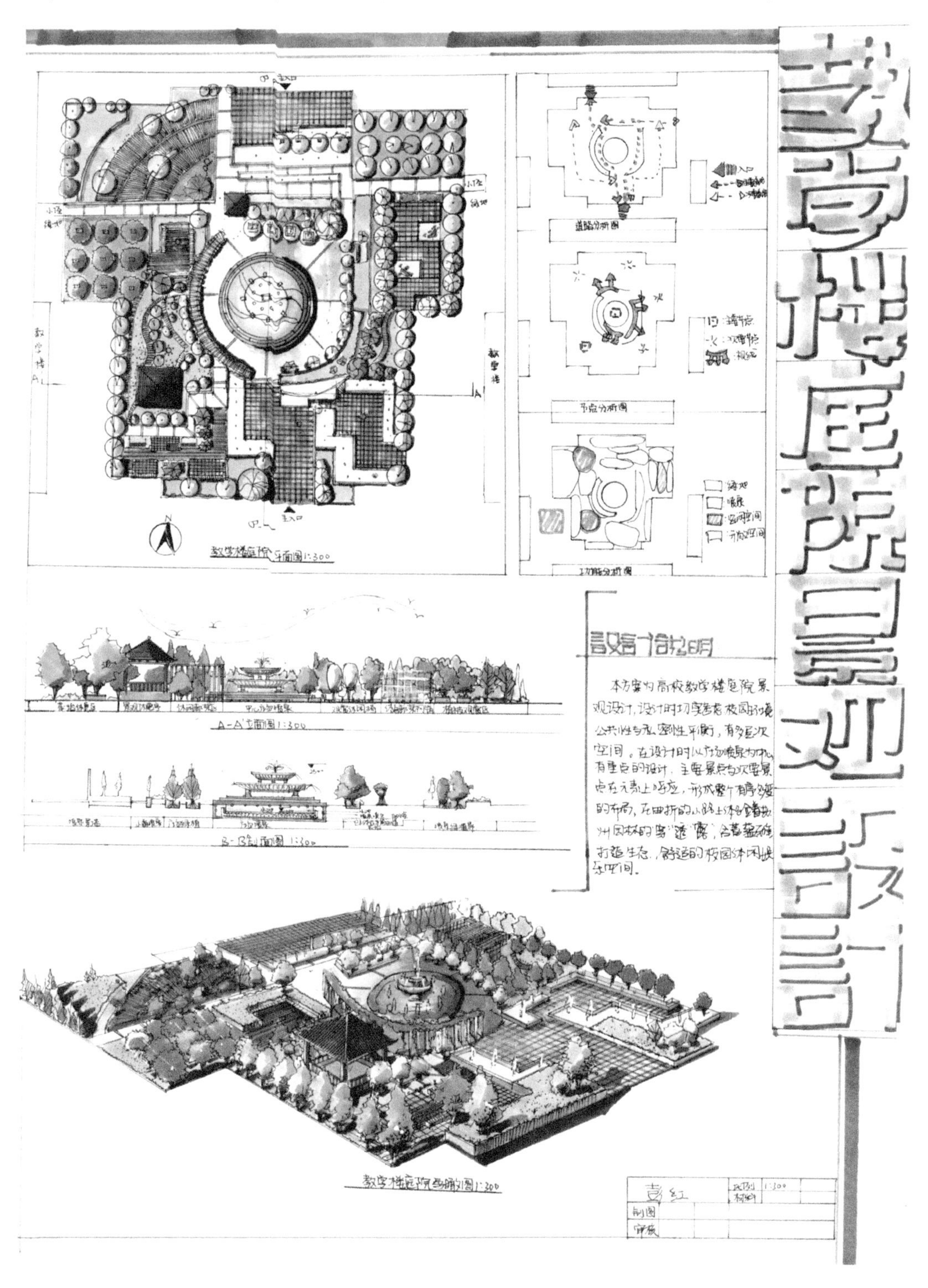

图7-8　教学楼庭院景观方案表现

练习

一、习题

抄绘训练题

本项目主要借用快题的形式进行拓展训练，共有八个训练任务，老师可以根据实际情况选择抄绘任务，学生也可参考图 7-1 ~ 图 7-8 进行自主训练。

二、答案

参考文献

［1］唐建. 景观手绘速训［M］. 北京：中国水利水电出版社，2009.

［2］张劲农. 园林美术［M］. 北京：高等教育出版社，2010.

［3］王有川. 手绘表现技法-景观篇［M］. 上海：上海交通大学出版社，2011.

［4］林文冬. 手绘设计表现［M］. 北京：机械工业出版社，2009.